普通高等教育电子信息类专业"十三五"规划教材

电子技术实验与课程设计

主编 谭亚丽 郭 华 申忠如

U0310276

西安交通大学出版社
XI'AN JIAOTONG UNIVERSITY PRESS

内容简介

　　本书是在作者多年从事该方面的教学与科研工作实践的基础上,参照应用技术型本科人才培养要求,注重专业基础与专业应用的时代改革要求,突出因材施教的教学法研究的需要而编写的。全书分两篇,分别为模拟电子技术基础实验与课程设计,数字电子技术基础实验与课程设计。在附录中,介绍了常用电子仪器包括常用仪器仪表和自主开发平台的原理与使用,以及电子器件的分类及命名方法等。

　　本书可作为高等学校电气信息类、仪器仪表类、电子信息学科及其相近专业,本、专科学生"电子技术基础"实践教材,也可作为相关工程技术人员的参考书。

图书在版编目(CIP)数据

电子技术实验与课程设计/申忠如,郭华,谭亚丽
主编. —西安:西安交通大学出版社,2014.5(2017.2重印)
ISBN 978-7-5605-6093-9

Ⅰ. ①电… Ⅱ. ①申…②郭…③谭… Ⅲ. ①电子
技术-实验-高等学校-教材②电子技术-课程设计-高等
学校-教材 Ⅳ. ①TN-33

中国版本图书馆 CIP 数据核字(2014)第 049968 号

书　　名	电子技术实验与课程设计
主　　编	谭亚丽　郭　华　申忠如
责任编辑	王　欣
出版发行	西安交通大学出版社
	(西安市兴庆南路 10 号　邮政编码 710049)
网　　址	http://www.xjtupress.com
电　　话	(029)82668357　82667874(发行中心)
	(029)82668315(总编办)
传　　真	(029)82668280
印　　刷	陕西宝石兰印务有限责任公司
开　　本	787mm×1092mm　1/16　印张 13.5　字数 326 千字
版次印次	2014 年 5 月第 1 版　2017 年 2 月第 2 次印刷
书　　号	ISBN 978-7-5605-6093-9
定　　价	26.00 元

读者购书、书店添货、如发现印装质量问题,请与本社发行中心联系、调换。
订购热线:(029)82665248　(029)82665249
投稿热线:(029)82664954
读者信箱:jdlgy@yahoo.cn

前　言

电子技术基础是工科电子信息、电气工程信息类专业的一门重要的技术基础课,具有工程实践性很强的特点。电子技术的实践教学是学好该课程不可缺少的教学环节。有经验的工程师常说"电子技术的应用电路,不仅需要基本理论的支撑,更重要的是通过实践动手干出来",可见实验和实践教学是学好该课程的关键。

本书针对应用技术型本科的特点,在注重基础知识的理论教学的前提下,重点着眼于工程实践应用能力的培养,以作者多年来从事应用技术型本科电子技术基础实践教学的积累,在对教学内容的优化和教学手段的探索与改革、经数届学生的使用改进后的基础上完成了对本书的编写。

全书分两篇,分别为模拟电子技术基础实验与课程设计,数字电子技术基础实验与课程设计。在附录中,介绍了常用电子仪器包括常用仪器仪表和自主开发平台的原理与使用,以及电子器件的分类及命名方法等。

针对应用技术型本科的特点,在基础实验内容选择上,保留了传统的验证型实验,目的是加深和巩固基本概念、基本理论和学会估算分析方法,学会正确使用常用电子仪器,科学、严肃地记录实验数据,写出合格的实验报告。

在课程设计中,模电引入了 Multisim 仿真软件,加强学生对电子技术的基本单元电路的掌握,拓展出与电子技术相关的模块电路的学习和应用设计。数电引入了 VHDL 语言和 Quartus II 9.0 仿真软件,选择将可以直接使用数字电路器件构成的简单应用系统设计题目,移植在可编程逻辑器件 CPLD 上实现作为补充,既能巩固和加深数字电子课程的基本理论,又能扩展到采用软件实现硬件功能的设计;其中,综合设计制作题选择能促进全面掌握该课程的典型案例,采用因材施教的分层次训练方式,即对电子技术的爱好者采用设计建议、移植复现、激发创新的交互式训练方法,各方法之间相互渗透,融为一体,主线是提高学生的主动学习热情、激发创新意识,在完成基本设计内容并经调试和测试达到了要求的基础上,鼓励学生通过优化部分设计,完成对系统部分功能或技术指标的改进设计,使自己的创新变为现实。一般要求,设计建议给出详细的引导,让学生通过查阅资料学习与题目相关的知识,培养学生的主动学习兴趣,学会使用仿真分析和设计初步完成自己的基本电路设计;给出参考设计,经过学习和消化后移植复现,这种方法既能实现对初学者进入设计的引导,也能激发学生的创新思维。

本书的编写工作具体分工如下:郭华主编第 1 篇和部分附录,谭亚丽主编第 2 篇和部分附录,申忠如负责全书的提纲编写和统稿工作。在编写过程中,西安交通大学城市学院电气与信息工程系部分教师和实验人员参与了讨论并提出了宝贵意见;西安交通大学张彦斌教授认真审阅了全稿,并提出了许多修改意见;西安交通大学出版社和城市学院领导给予了莫大的支持,在此,编者谨向他们致以衷心的感谢。

由于水平有限,书中难免存在许多不足之处,恳请读者批评指正。

编者

2014 年 1 月

目　录

第一篇　模拟电子技术

第1章　基础实验

实验1　双踪示波器使用

一、实验目的

1. 了解示波器的基本原理、类型、应用场合和使用注意事项。

2. 以 YB4328D 双踪示波器为例,在教师引导下同步练习,初步学会该类型的示波器使用。

二、实验内容

在预习附录 A 内容的基础上,由教师总结讲授基本原理和操作要点。

1. 熟悉面板上四个区域的控件名称与作用

双踪示波器如图 1-1-1 所示,其面板分为 A、B、C、D 四个区域,下面将分别予以介绍。

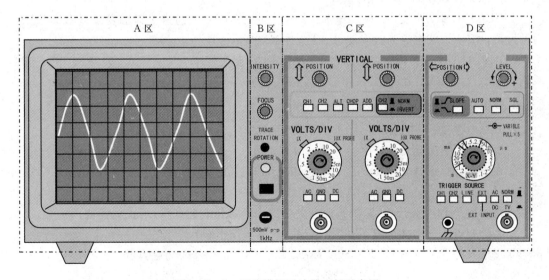

图 1-1-1　双踪模拟示波器面板示意图

(1)A 区:荧光屏

荧光屏上有刻度,横轴分为 10 个大格,纵轴分为 8 个大格,每大格内又被分为 5 个小格。

示波器开关上标注的每格(VOLTS/DIV 或者 SEC/DIV)指的是"大格"。

(2)B 区:电源和电子枪控制区

INTENSITY:屏辉度调节旋钮;

FOCUS:聚焦旋钮;

TRACE ROTATION:基线旋转调节;

POWER:电源开关;

PROBE ADJUST:校准输出峰峰值为 500 mV,频率为 1 kHz 的标准方波信号。

(3)C 区:Y 轴偏转板控制区

分为独立的通道 1(CH1)、通道 2(CH2)部分和共用的 MODE 部分。

POSITION(2 个通道各 1 个):Y 位置旋钮;

VOLTS/DIV(2 个通道各 1 个):Y 轴增益开关;

AC、GND、DC(2 个通道各 1 组):输入耦合开关(3 选 1 开关);

CH1 OR X、CH2 OR Y:被测信号输入端;

MODE 区域 5 选 1 开关:CH1—选择通道 1;CH2—选择通道 2;ALT—交替方式;CHOP—断续方式;ADD—相加方式;

独立开关 CH2(NORM/INVERT):通道 2 极性选择开关。

(4)D 区:X 轴偏转板控制区

POSITION:X 轴位置旋钮;

LEVEL:触发电平旋钮;

SEC/DIV:扫速选择开关;

SWEEP MODE 区域(触发扫描模式)3 选 1 开关:AUTO—自动触发选择;NORM—常态触发选择;SGL—单次触发选择;

独立开关:SLOPE—触发沿选择;

TRIGGER MODE 区域(触发源选择)4 选 1 开关:CH1—通道 1 为触发源;CH2—通道 2 为触发源;LINE—线电压为触发源;EXT—外部触发;

COUPLING 区域(触发源耦合方式):AC/DC—触发源耦合方式开关;NORM/TV—触发源耦合状态开关;EXT INPUT—外部触发信号端子。

2. 开机,让示波器显示 2 条扫描线

打开总电源,按下电源开关,示波器电源指示灯亮。

①辉度旋钮右旋至适中;

②在通道选择模式(MODE 区域)中,将 CH2(NORM/INVERT)开关弹出,即 CH2 不反向;

③将两个 Y 轴增益开关、X 轴扫速开关中的内圈旋钮右旋到头,可正确读数;

④X 轴扫速开关内圈旋钮不在"拉出"状态,即扫速不乘 5;

⑤将触发源选择(TRIGGER SOURCE)置于 CH1,以 CH1 为触发源;

⑥将触发源耦合方式中的两个"按下/弹出"开关置于"弹出"状态和非 TV 状态;

⑦在扫描触发方式(SWEEP MODE)中,按下 AUTO(自动触发);

⑧将通道选择开关置于 ALT 或者 CHOP,将两个通道的输入耦合开关(AC　GND　DC)均置于 GND。

⑨将示波器的扫速开关置于 0.1 ms/DIV,分别调节 Y 轴位置旋钮,示波器在屏幕上显示出两通道各自的 0 扫描线。

3. 校准信号

PROBE ADJUST 机内校准信号是输出峰峰值为 500 mV,频率为 1 kHz 的标准方波信号。校准方法是将示波器的探头正极接至校准输出,在荧光屏上显示满足标准参数的方波,否则,必须进行以下所述校准,甚至申请返修或报废:

将通道 1 和通道 2 的两探头黑线悬空,正极接到校准信号端子(英文标识为 PROBE AD-JUST)。将输入耦合开关改为 DC,并且调整电平旋钮,可在示波器上看到方波显示。

由于校准信号的峰峰值为 500 mV,因此,可以将两个通道的 Y 轴增益开关旋至 0.5 V/DIV;校准信号频率为 1 kHz,可以将 X 轴扫速开关旋至 0.2 ms/DIV。

在屏幕上看到如图 1-1-2 所示的图形。可以读出:此信号的峰峰值为 1 格,对应 Y 轴增益开关为 0.5 V/DIV,可以计算出此信号的峰峰值为 1×0.5=0.5 V;此信号的周期为 5 格,每格为 0.2 ms,则周期为 1 ms,对应的频率为 1 kHz,这个数值与示波器的标定是一致的。表明此示波器的校准是正确的。

另外,应将聚焦和辉度旋钮调整到合适的位置。图 1-1-3 为聚焦不合适的校准信号,图形出现了横向或纵向的问题。

上述操作既说明示波器工作正常,也说明了你已初步学会了使用示波器观察两路被测信号的双踪显示并学会了如何读数。

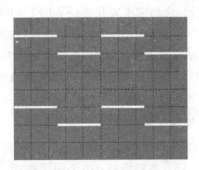

图 1-1-2 正确显示的校准信号

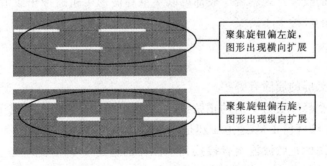

图 1-1-3 聚集不合适的校准信号

4. 观察两输入信号的相位

单管放大电路如图 1-1-4 所示,输入为正弦波,频率在 10 kHz 左右,电压峰值 10 mV,经探头接入 Y 轴 CH1,电路输出经探头接入 Y 轴 CH2。

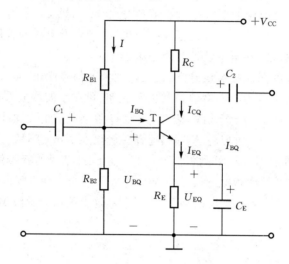

图 1-1-4　单管放大电路

①选择 ALT 或者 CHOP,通道 1 的 Y 轴增益开关为 5 mV/DIV,输入耦合开关为 AC。

②为实现在示波器上有显示,将扫描模式开关(SWEEP MODE)置于 AUTO。

③确定触发源为 CH1(在 TRIGGER SOURCE 区域进行选择,按下相应的通道)。

④扫速为 20 μs/DIV。从示波器上可以读出,正弦波的周期为 100 μs 左右。

⑤分别调节 Y 轴位置旋钮,示波器在屏幕上显示出两通道各自波形。观察输入与输出之间的相位差。

5. 观察直流电源和其上叠加的纹波

观察在直流电源输出电压上叠加的小信号波形,方法是:将示波器 SWEEP MODE 选择为自动触发,输入耦合开关置于 DC,然后根据 0 电平线读数。

观察直流电源上的纹波,将示波器的输入耦合开关置于 AC,并适当增大 Y 轴增益,就可以看到直流电源上的纹波。观察者一般都可以从重叠波形中粗略读出纹波幅度,并用这个幅度来衡量直流电源的纹波大小。

三、问题思考

1. 示波器出现黑屏的原因有哪些?

2. 为什么将一个峰峰值为 1 V 的正弦波,用两根电缆线分别接入通道 1 和通道 2,在示波器上读数,通道 1 为峰峰值 1 V,通道 2 却是 0.8 V?

3. 将一个信号源的正弦波输出直接接到示波器的通道 1,却看到一条直线。可能造成这种现象的主要原因是什么?

4. 将探头校准信号引入通道 1,却显示两个光点在屏幕上移动,可能是什么原因引起的,怎样调节可显示正常?

实验 2 共射极放大电路性能测试

一、实验目的

1. 了解半导体二极管的结构和类型,学会使用万用表判断其极性。

2. 了解晶体三极管的结构和类型,学会使用万用表判断管脚名称,使用晶体管图示仪观察输入输出特性曲线,获得本次实验所选三极管的 $\bar{\beta}$ 和 β 值,以便估算出静态工作点和放大器性能。

3. 学会放大电路静态工作点的调试方法,会分析静态工作点对放大器性能的影响。

4. 掌握放大电路电压放大倍数、输入电阻和输出电阻的测试方法。

5. 了解最大不失真输出电压的测试方法。

二、实验准备

1. 使用万用表判断二极管的极性

利用二极管的单向导电性判断二极管极性:可用万用表的电阻挡判断二极管的极性。将正极的表笔接到二极管的 a 脚,负表笔接到二极管的另一端即 b 脚,读出电阻的值 R_a 并记录;然后将表笔调换测得电阻值 R_b,比较两个电阻的大小:若 $R_b > R_a$,则 a 脚为二极管的正极,b 脚为负极;反之,则 a 脚为二极管的负极,b 脚为正极。

2. 使用万用表判断三极管的管脚名称

(1)判断三极管基极和类型

利用 PN 结的单向导电性,可用数字表的电阻挡首先判断出三极管的基极,将正极的表笔接到三极管的 a 脚,负表笔分别两次接到另两脚,若读出电阻的值全为小值,反之将表笔的负极接到三极管的 a 脚,正表笔分别两次接到另两脚,若读出电阻的值全为大值,则可判断 a 脚为基极,并且可说明该管为 NPN 管。反之为 PNP 管。

(2)判断三极管发射极和集电极

将表笔的正极接到三极管除基极外的一脚 x,将表笔的负极接到三极管的另一脚 y,然后用一个约为 100 kΩ 的电阻串接到正表笔与基极之间,读出电阻的值为 R_1。反之将表笔的负极接到三极管除基极外的一脚 x,将表笔的正极接到三极管的另一脚 y,然后用一个约为 100 kΩ 的电阻串接到正表笔与基极之间,读出电阻的值为 R_2,比较两个电阻的大小,若 $R_1 > R_2$,则 x 脚为三极管的 e 极,y 脚为 c 极。

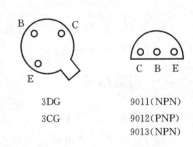

图 1-2-1 实验用三极管管脚分布

(3)本实验所用三极管

图 1-2-1 为本实验所用的三极管管脚分布。

3. 观察晶体管特性曲线并计算晶体管 $\bar{\beta}$ 和 β 值

以 NPN 型 3DK2 晶体管为例,查手册得知 3DK2 的 $\bar{\beta}$ 测试条件为 $U_{CE} = 1 \text{ V}$、$I_C = 10 \text{ mA}$。将光点移至荧光屏的左下角作坐标零点。仪器部件的置位详见表 1-2-1。

表 1－2－1　3DK2 晶体管 $\bar{\beta}$、β 测试时仪器部件的置位

部件	置位	部件	置位
峰值电压范围	0～10 V	Y 轴集电极电流	1 mA /度
集电极极性	＋	阶梯信号	重复
功耗电阻	250 Ω	阶梯极性	＋
X 轴集电极电压	1 V/度	阶梯选择	20 μA

　　逐渐加大峰值电压就能在显示屏上看到一簇特性曲线,如图 1－2－2 所示。读出 X 轴集电极电压 $u_{CE}＝1$ V 时最上面一条曲线(每条曲线为 20 μA,最下面一条 $I_B＝0$ 不计在内)I_B 值和 Y 轴 I_C 值,可得

$$\bar{\beta}＝\frac{I_C}{I_B}＝\frac{8.5 \text{ mA}}{200 \text{ μA}}＝42.5$$

　　若把 X 轴选择开关放在基极电流或基极源电压位置,即可得到图 1－2－3 所示的电流放大特性曲线。即

$$\beta＝\frac{\Delta i_C}{\Delta i_B}$$

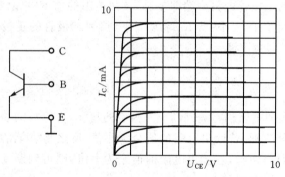

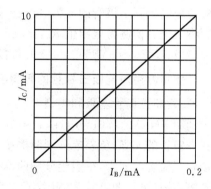

图 1－2－2　晶体三极管输出特性曲线　　　　图 1－2－3　电流放大特性曲线

　　PNP 型三极管 $\bar{\beta}$ 和 β 的测量方法同上,只需改变扫描电压极性、阶梯信号极性,并把光点移至荧光屏右上角即可。

三、实验原理

1. 电路的性能指标

　　图 1－2－4 为基极固定分压晶体管放大器实验电路图。它的偏置电路采用 R_{B1} 和 R_{B2} 组成的分压电路,并在发射极中接电阻 R_E 稳定放大器的静态工作点。当在放大器的输入端加入输入信号后,在放大器的输出端便可得到一个与 u_i 相位相反、幅值被放大了的输出信号 u_o,从而实现了电压放大。

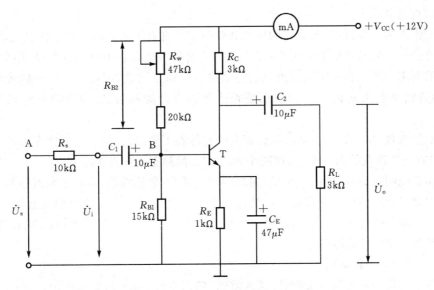

图 1-2-4 基极固定分压晶体管放大器实验电路图

在图 1-2-4 电路中,当流过偏置电阻 R_{B1} 和 R_{B2} 的电流远大于晶体管的基极电流 I_B 时(一般为 5~10 倍),它的静态工作点可用下式估算

$$U_{BQ} = \frac{R_{B1}}{R_{B1}+R_{B2}} V_{CC}$$

$$I_{CQ} \approx I_{EQ} = \frac{U_{BQ}-U_{BEQ}}{R_E}$$

$$U_{CEQ} = V_{CC} - I_{CQ}(R_C+R_E)$$

电压放大倍数

$$\dot{A}_u = -\frac{\beta(R_C \parallel R_L)}{r_{be}}$$

输入电阻

$$R_i = R_{B1} \parallel R_{B2} \parallel r_{be}$$

输出电阻

$$R_o = R_C$$

2. 放大器的测量和调试

放大器的测量和调试一般包括:放大器静态工作点的测量与调试,消除干扰与自激振荡,以及放大器各项动态参数的测量与调试等。

(1)静态工作点的测量与调试

测量放大器的静态工作点,应在输入信号 $u_i=0$ 的情况下进行,即将放大器输入端与地端短接,然后选用量程合适的直流毫安表和直流电压表,分别测量晶体管的集电极电流 I_C 以及各电极对地的电位 U_B、U_C 和 U_E。一般实验中,为了避免断开集电极,采用测量电压然后算出 I_C 的方法,例如,只要测出 U_E,即可用 $I_C \approx I_E = \frac{U_E}{R_E}$ 算出 I_C(也可根据 $I_C = \frac{V_{CC}-U_C}{R_C}$,由 U_C 确定 I_C),同时也能算出 $U_{BE}=U_B-U_E$,$U_{CE}=U_C-U_E$。为了减小误差,提高测量精度,应选用内阻较高的直流电压表。

静态工作点是否合适,对放大器的性能和输出波形都有很大影响。如工作点偏高,放大器在加入交流信号以后易产生饱和失真;工作点偏低则易产生截止失真。这些情况都不符合不失真放大的要求。所以在选定工作点以后还必须进行动态调试,即在放大器的输入端加入一定的 u_i,检查输出电压 u_o 的大小和波形是否满足要求。如不满足,则应调节静态工作点的位置。

改变电路参数 V_{CC}、R_C、$R_B(R_{B1}、R_{B2})$ 都会引起静态工作点的变化,但通常多采用调节偏置电阻 R_{B2} 的方法来改变静态工作点,如减小 R_{B2},则可使静态工作点提高等。

最后还要说明,上面所说的工作点"偏高"或"偏低"不是绝对的,应该是相对信号的幅度而言,如信号幅度很小,即使工作点较高或较低也不一定会出现失真。所以确切地说,产生波形失真是信号幅度与静态工作点设置配合不当所致。如需满足较大信号幅度的要求,静态工作点最好尽量靠近交流负载线的中点。

(2)放大器动态指标测试

放大器动态指标有电压放大倍数、输入电阻、输出电阻、最大不失真输出电压(动态范围)和通频带等。

①电压放大倍数 A_u 的测量。调整放大器到合适的静态工作点,加入输入电压 u_i,在输出电压 u_o 不失真的情况下,用交流毫伏表测出 u_i 和 u_o 的有效值 U_i 和 U_o,则

$$A_u = \frac{U_o}{U_i}$$

②输入电阻的测量。为了测量放大器的输入电阻,按图 1-2-4 电路在被测放大器的输入端与信号源之间串入一已知电阻 R,在放大器正常工作的情况下,用交流毫伏表测出 U_s 和 U_i,则根据输入电阻的定义可得

$$R_i = \frac{U_i}{I_i} = \frac{U_i}{\dfrac{U_R}{R}} = \frac{U_i}{U_s - U_i} \cdot R$$

测量时应注意:

a. 由于电阻 R 两端没有电路公共接地点,所以测量 R 两端电压 U_R 时必须分别测出 U_s 和 U_i,然后按 $U_R = U_s - U_i$ 求出 U_R 值。

b. 电阻 R 的值不应取得过大或过小,以免产生较大的测量误差,通常取 R 与 r_i 为同一数量级为好,本实验可取 $R = 1 \sim 2 \text{ k}\Omega$。

③输出电阻的测量。按图 1-2-5 电路在放大器正常工作条件下,测出输出端不接负载 R_L 的输出电压 U_o 和接入负载后的输出电压 U_L,根据

$$U_L = \frac{R_L}{R_o + R_L} U_o$$

即可求出 R_o。

$$R_o = \left(\frac{U_o}{U_L} - 1\right) R_L$$

在测试中应注意,必须保持 R_L 接入前后输入信号的大小不变。

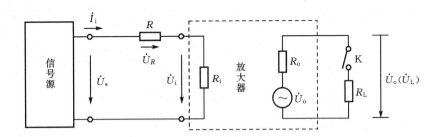

图 1-2-5　输入输出电阻的测量电路

④最大不失真输出电压 U_{opp} 的测试(最大动态范围)。如上所述,为了得到最大动态范围,应将静态工作点调在交流负载线的中点。为此,在放大器正常工作情况下,逐步增大输入信号的幅度,并同时调节 R_p(改变静态工作点),用示波器观察 u_o,当输出波形同时出现削底和缩顶现象时,说明静态工作点已调在交流负载线的中点。然后反复调整输入信号,使波形输出幅度最大且无明显失真时,用交流毫伏表测出 u_o(有效值),则动态范围等于 $2\sqrt{2}U_o$。也可用示波器直接读出 U_{opp} 来。

⑤放大器频率特性的测量。测量放大器的幅频特性就是测量不同频率信号时的电压放大倍数 A_u。为此,可采用前述测 A_u 的方法,每改变一个信号频率,测量其相应的电压放大倍数。测量时应注意取点要恰当,在低频段与高频段应多测几点,在中频段可以少测几点。此外,在改变频率时,要保持输入信号的幅度不变。

四、实验仪器

示波器、函数信号发生器、毫伏表、稳压电源、万用表。

五、实验内容

1. 实验预习

实验电路板如图 1-2-6 所示。为了防止干扰,各仪器的公共端必须连在一起。同时信号源、交流毫伏表和示波器的引线应采用专用电缆线或屏蔽线。如使用屏蔽线,则屏蔽线的外包金属网应接在公共接地端上。

①理论分析 R_{B1},R_{B2},R_C,R_E 对静态工作点的影响;R_{B1},R_{B2} 取值多大合适? 比例如何分配? U_{BQ} 应为何值? 有旁路电容时,R_E 应取值多少? 隔直耦合电容 C_1,C_2 的作用是什么?

②R_{B1},R_{B2},R_C,R_E 变化对输入输出电阻、放大倍数、动态范围的影响有哪些?

③为什么在示波器可以读数的情况下还要用毫伏表读数?

④根据理论分析估算实验放大电路静态和动态参数值填入实验表格。

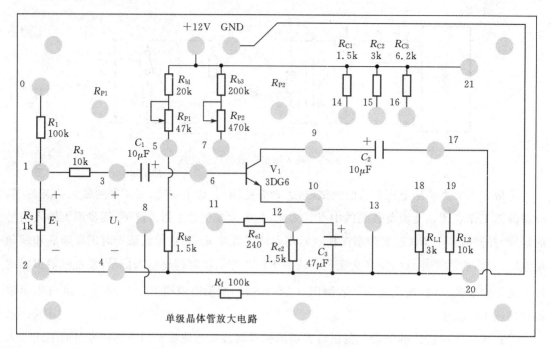

图 1-2-6　实验 2 的电路板图

2. 实验测试

(1)测量静态工作点

将实验电路板按对应位置插接到实验台上。R_C 取 $R_{C2}=3$ kΩ。用连接导线将 9、15 端，10、12 端，5、6 端相连。接通 +12 V 电源，调节 R_{P1} 使 $U_{RC}=6$ V，用数字万用表的直流电压挡测量 U_B、U_E、U_C，将测量值记入表 1-2-2 中。

表 1-2-2　静态工作点测量值与计算值

测　　量　　值				估　　算　　值		
U_B/V	U_E/V	U_C/V	U_{RC}/V	U_{BE}/V	U_{CE}/V	I_C/mA

(2)测量电压放大倍数

保持 $R_{C2}=3$ kΩ，$U_{RC}=6$ V 的静态工作点不变。将信号发生器的输出端接到实验板的 0、2 插孔，调节信号源"频率调节"旋钮，使放大器输入端为 1 kHz 的正弦信号，调节信号源的"输出幅度"旋钮使 U_i(3、4 端)＝10 mV(用晶体管毫伏表测量)。测量放大器空载和带负载两种情况下的输出电压有效值，将所测结果记录于表 1-2-3 中。

表 1-2-3　电压放大倍数的测量与估算值　　　　　　$U_{RC}=6$ V　$U_i=$ 10 mV

R_C/kΩ	R_L/kΩ	U_o/V	计算 A_u
3.0	∞		
3.0	3.0		

(3)观察 U_i、U_o 的相位关系及静态工作点对输出电压波形的影响

维持上述电路不变，$u_i = 10$ mV，用示波器观察输入输出电压波形，注意它们的相位关系。调节 R_P 改变静态工作点，直到输出波形出现较明显的饱和或截止失真，观察输出波形，并测量和记录每种失真波形所对应的 U_{RC} 和 U_{CE} 数值，把结果记入表 1-2-4 中。根据测量值确定失真波形的性质，若截止失真不明显，允许采用逐渐增加输入信号电压的方法使放大器输出电压产生截止失真。

表 1-2-4　静态工作点对输出电压波形的影响　　　$R_C = 3.0$ kΩ　$R_L = \infty$　$U_i = 10$ mV

U_{RC}/V	U_{CE}/V	u_o 波形	失真情况	管子工作状态
6				

（4）测量最大不失真输出电压（动态范围）

置 $R_C = 3.0$ kΩ，$R_L = 3.0$ kΩ，按照实验原理④中所述方法，同时调节输入信号的幅度和电位器 R_P，用示波器和交流毫伏表测量 U_{opp} 及 U_o，记入表 1-2-5 中。

表 1-2-5　测量最大不失真输出电压　　　$R_C = 3.0$ kΩ　　　$R_L = 3.0$ kΩ

I_C/ mA	U_{im}/ mV	U_{cm}/ V	U_{opp}/ V

（5）测量输入电阻和输出电阻

置 $R_C = 3.0$ kΩ，$R_L = 3.0$ kΩ，$I_C = 2$ mA。输入 1 kHz 正弦信号，在输出电压 u_o 不失真的情况下，用交流毫伏表测出 U_s，U_i 和 U_L，记入表 1-2-6 中。保持 U_s 不变，断开 R_L，测量输出电压 U_o，记入表 1-2-6 中。

表 1-2-6　测量输入电阻和输出电阻与估算值比较

$I_C = 2$ mA　$R_C = 3.0$ kΩ　$R_L = 3.0$ kΩ

U_s/mV	U_i/mV	R_i/kΩ		U_L/V	U_o/V	R_o/kΩ	
		测量值	计算值			测量值	计算值

（6）测量幅频特性曲线与估算值比较

取 $I_C = 2$ mA，$R_C = 3.0$ kΩ，$R_L = 3.0$ kΩ。保持输入信号 u_i 或 u_s 的幅度不变，改变信号源频率 f，逐点测出相应的输出电压 U_o，记入表 1-2-7 中。

表 1-2-7　测量幅频特性曲线

f/kHz							
U_o/V							
$A_u = U_o/U_i$							

为了频率 f 取值合适，可先粗测一下，找出中频范围，然后再仔细读数。

六、实验报告

1. 实际测试完成后，科学、真实地记录数据，填入实验内容中的表格。

2.比较理论估算与实际测试结果的差异,解释产生差异的原因。

3.记录实验心得。

实验3　场效应管放大器

一、实验目的

1.了解结型场效应管的性能和特点。

2.进一步熟悉放大器动态参数的测试方法。

二、实验原理

场效应管是一种电压控制型器件。按结构可分为结型和绝缘栅两种类型。由于场效应管栅源之间处于绝缘或反向偏置,所以输入电阻很高(一般可达上百兆欧);又由于场效应管是一种多数载流子控制器件,因此热稳定性好,抗辐射能力强,噪声系数小;加之制造工艺较简单,便于大规模集成,因此得到越来越广泛的应用。

1.结型场效应管的特性和参数

场效应管的特性主要有输出特性和转移特性。图 1-3-1 所示为 N 沟道结型场效应管 3DJ6F 的输出特性和转移特性曲线。其直流参数主要有饱和漏极电流 I_{DSS},夹断电压 U_P 等;交流参数主要为低频跨导。

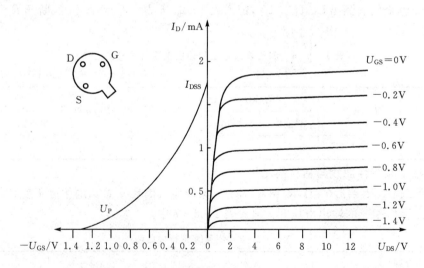

图 1-3-1　N 沟道结型场效应管 3DJ6F 的输出特性和转移特性曲线

表 1-3-1 列出了 3DJ6F 的典型参数值及测试条件。

表 1-3-1 3DJ6F 的典型参数值及测试条件

参数名称	饱和漏极电流 I_{DSS}/mA	夹断电压 $U_{GS(off)}/\text{V}$	跨 导 $g_m/\mu\text{A}/\text{V}$
测 试 条 件	$U_{DS}=10\text{ V}$ $U_{GS}=0\text{ V}$	$U_{DS}=10\text{ V}$ $I_{DS}=50\ \mu\text{A}$	$U_{DS}=10\text{ V}$ $I_{DS}=3\text{ mA}$ $f=1\text{ kHz}$
参 数 值	$1\sim3.5$	$<\lvert-9\rvert$	>100

2. 场效应管放大器性能分析

图 1-3-2 为结型场效应管组成的共源级放大电路。其静态工作点为

$$U_{GS} = U_G - U_S = \frac{R_{G1}}{R_{G1}+R_{G2}}V_{DD} - I_D R_S$$

$$I_D = I_{DSS}\left(1 - \frac{U_{GS}}{U_{GS(off)}}\right)^2$$

中频电压放大倍数: $\qquad A_u = -g_m R'_L = -g_m(R_D \parallel R_L)$

输入电阻: $\qquad\qquad R_i = R_G + R_{G1} \parallel R_{G2}$

输出电阻: $\qquad\qquad R_o = R_D$

式中跨导 g_m 可由特性曲线用作图法求得,也可用如下公式计算。但要注意,计算时 U_{GS} 要用静态工作点处之数值。

$$g_m = -\frac{2I_{DSS}}{U_{off}}\left(1 - \frac{U_{GS}}{U_{off}}\right)$$

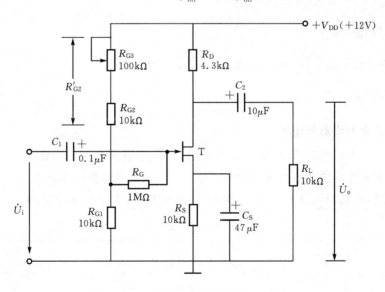

图 1-3-2 结型场效应管共源级放大电路

3. 输入电阻的测量方法

场效应管放大器的静态工作点、电压放大倍数和输出电阻的测量方法,与实验 1 中晶体管

放大器的测量方法相同。其输入电阻的测量,从原理上讲,也可采用实验 1 中所述方法,但由于场效应管的 R_i 比较大,如直接测输入电压 U_S 和 U_i,则由于测量仪器的输入电阻有限,必然会带来较大的误差。因此为了减小误差,常利用被测放大器的隔离作用,通过测量输出电压 U_o 来计算输入电阻。测量电路如图 1-3-3 所示。在放大器的输入端串入电阻 R,把开关 K 掷向位置 1(即使 $R=0$),测量放大器的输出电压 $U_{o1}=A_u \cdot U_S$;保持 U_S 不变,再把 K 掷向 2(即接入 R),测出放大器的输出电压 U_{o2}。

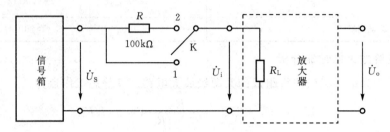

图 1-3-3　输入电阻 R_i 的测量电路

由于两次测量中 A_u 和 U_S 保持不变,故

$$U_{o2} = A_u U_i = \frac{R_i}{R + R_i} A_u$$

由此可以求出

$$R_i = \frac{U_{o2}}{U_{o1} - U_{o2}} R$$

式中 R 和 R_i 不要相差太大,本实验可取 $R=100\sim200$ kΩ。

三、实验仪器

示波器、函数信号发生器、毫伏表、稳压电源、万用表。

四、实验内容

1. 静态工作点的测量和调整

①按图 1-3-2 连接电路,接通 +12 V 电源,用数字直流电压表测量 U_G、U_S 和 U_D,检查静态工作点是否在特性曲线放大区的中间部分。如合适则把结果记入表 1-3-2 中。

②若不合适,则适当调整 R_{G3} 和 R_S,调好后,再测出 U_G、U_S 和 U_D,记入表 1-3-2 中。

表 1-3-2

测　　量　　值						计　　算　　值		
U_G/V	U_S/V	U_D/V	U_{DS}/V	U_{GS}/V	I_D/mA	U_{DS}/V	U_{GS}/V	I_D/mA

2. 电压放大倍数、输入电阻和输出电阻的测量

(1) A_u 和 R_o 的测量

在放大器的输入端加入 $f=1$ kHz 的正弦信号 U_i(50~100 mV),并用示波器监视输出电

压 u_o 的波形。在输出电压 U_o 没有失真的条件下,用交流毫伏表分别测量 $R_L = \infty$ 和 $R_L = 10 \text{ k}\Omega$ 的输出电压 U_o(注意:保持 U_i 不变),记入表 $1-3-3$ 中。

表 $1-3-3$

	测 量 值				计 算 值		u_i 和 u_o 波形
	U_i/V	U_o/V	A_u	$R_o/\text{k}\Omega$	A_u	$R_o/\text{k}\Omega$	
$R_L = \infty$							
$R_L = 10 \text{ k}\Omega$							

用示波器同时观察 u_i 和 u_o 的波形,描绘并分析它们的相位关系。

(2)输入电阻的测量

按图 $1-3-3$ 改接实验电路,选择合适的输入电压 U_s($50 \sim 100 \text{ mV}$),将开关 K 掷向"1",测出 $R=0$ 时的输出电压 U_{o1},然后将开关掷向"2"(接入 R),保持 U_s 不变,再测出 U_{o2},根据公式求出 R_i,把结果记入表 $1-3-4$ 中。

表 $1-3-4$

测 量 值			计 算 值
U_{o1}/V	U_{o2}/V	$R_i/\text{k}\Omega$	$R_i/\text{k}\Omega$

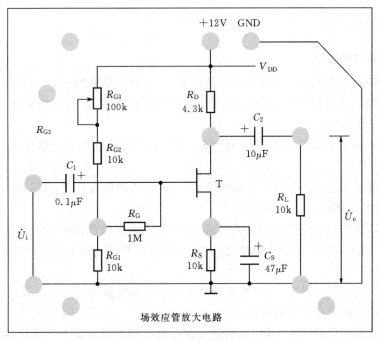

图 $1-3-4$ 实验电路板布置图

五、预习报告

1.复习有关场效应管部分内容,并用计算法估算管子的静态工作点(根据实验电路参数),

求出工作点处的跨导 g_m。

2.场效应管放大器输入回路的电容 C_1 为什么可以取得小一些(可以取 $C_1=0.1\ \mu F$)?

3.在测量场效应管静态工作电压 U_{GS}时,能否用数字电压表直接并在 G、S 两端测? 为什么? 应该如何测量?

4.为什么测场效应管输入电阻时要用测输入电阻端输出电压的方法?

六、实验报告

1.整理实验数据,将测得的 A_u、R_i、R_o 和理论计算值进行比较。

2.把场效应管放大器与晶体管放大器进行比较,总结场效应管放大器的特点。

3.分析测试中的问题,总结实验收获。

实验 4　负反馈放大器的性能分析

一、实验目的

1.了解多级放大电路中引入负反馈的方法。

2.熟悉多级放大电路中引入负反馈的动态参数估算和测试方法。

3.理解并掌握引入负反馈对放大电路性能的影响。

二、实验原理

1. 引入负反馈的方法

引入负反馈可以改善放大电路多方面的性能,但是根据反馈组态的不同,所产生的影响也是不一样的。因此,我们在设计放大电路的时候,应该根据实际电路的需要和我们的目的,引入合适的反馈。引入负反馈的一般规则为:

①为了稳定静态工作点,应该引入直流负反馈;为了改善电路的动态性能,应该引入交流负反馈。

②要求提高输入电阻或信号源内阻较小时,应该引入串联负反馈;要求降低输入电阻或信号源内阻较大时,应该引入并联负反馈。

③根据负反馈对放大电路输出量的要求,确定引入电压负反馈还是电流负反馈。当负载需要稳定的电压信号时,应该引入电压负反馈;当负载需要稳定的电流信号时,应该引入电流负反馈。

④在需要进行信号变换时,应该根据四种类型的负反馈放大电路的功能选择合适的组态。例如:要求实现电流-电压信号转换时,应在放大电路中引入电压并联负反馈。

本实验以电压串联负反馈为例,分析负反馈对放大器各项性能指标的影响。电路一般为两级以上深度。

2. 实验电路

图 1-4-1 为带有负反馈的两级阻容耦合放大电路,在电路中通过 R_f 把输出电压 U_o 引回到输入端,加在晶体管 T_1 的发射极上,在发射极电阻 R_{E1} 上形成反馈电压 U_f。根据反馈的判

断法可知,它属于电压串联负反馈。

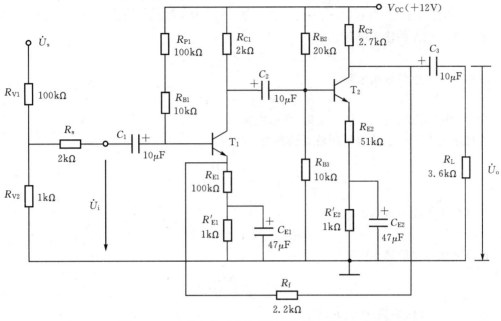

图 1-4-1　带有负反馈的两级阻容耦合放大电路

(1)估算开环等效电路的放大倍数、输入电阻、输出电阻

负反馈放大电路由基本放大电路和反馈网络组成,图 1-4-2 为图 1-4-1 所示电路的基本放大电路,即开环等效电路。考虑了反馈网络的负载效应,将反馈电阻 R_f 作为放大电路输入端和输出端的等效负载。根据等效网络理论,当考虑反馈电阻 R_f 在输入端的负载效应时,令输出量的作用为零,R_f 与 T_1 管的射极电阻并联;当考虑反馈电阻 R_f 在输出端的负载效应时,令输入量的作用为零,T_1 管的射极断开,R_f 与 T_1 管的射极电阻串联。

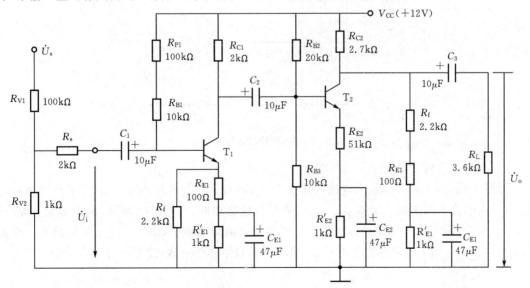

图 1-4-2　图 1-4-1 所示电路的基本放大电路

计算基本放大电路的放大倍数为

$$\dot{A}_u = \frac{-\beta_1 R_{C1}}{(R_{P1} + R_{B1}) \parallel [r_{be} + (1 + \beta_1)(R_f + R_{E1})]} \cdot \frac{-\beta_2 R_{C2} \parallel R_L \parallel (R_f + R_{E1})}{R_{B2} \parallel R_{B3} \parallel [r_{be} + (1 + \beta_1) R_{E2}]}$$

基本放大电路的输入电阻

$$R_i = r_{be} + (1 + \beta_1)(R_f + R_{E1})$$

基本放大电路的输出电阻

$$R_o = R_{C2} \parallel (R_f + R_{E1})$$

(2)估算闭环放大倍数、输入电阻、输出电阻

深度负反馈放大电路的闭环放大倍数为

$$\dot{A}_{uf} \approx \frac{1}{\dot{F}} = \frac{\dot{U}_o}{\dot{U}_f} = \frac{R_f + R_{E1}}{R_f} = 1 + \frac{R_{E1}}{R_f}$$

闭环放大电路的输入电阻

$$R_{if} = (1 + AF)R_i$$

闭环放大电路的输出电阻

$$R_{of} = \frac{R_o}{1 + AF}$$

其中，F 为反馈系数；A 为开环增益。

(3)扩展通频带

在电路中引入负反馈后，将对闭环放大倍数起到稳定作用，但是放大倍数将会降低。如图 1-4-3 所示，闭环放大倍数的降低换取了通频带的扩展。

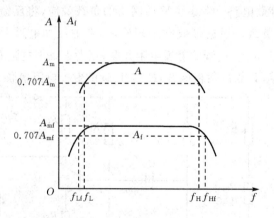

图 1-4-3　负反馈扩展通频带

(4)观察负反馈对非线性失真的改善

如图 1-4-4(a)所示，放大电路的输入量 x_i 是一正弦信号，输出量 x_o 发生了正半周幅值大、负半周幅值小的失真。反馈量 x_f 与 x_o 的失真情况相同，当电路闭环后，由于净输入量 $x_{id} = x_i - x_f$，因而使其正半周幅值减少得多而负半周幅值减少得小，如图 1-4-4(b)所示。净输入信号经放大后结果将使输出波形的正、负半周的幅值趋于一致，使非线性失真减小。

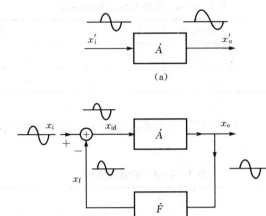

图 1 - 4 - 4　负反馈减小非线性失真

三、实验仪器

信号源、示波器、交流毫伏表、数字直流电压表、实验用板。

四、实验内容

测试负反馈放大电路的静态工作点、闭环放大倍数、输入电阻、输出电阻、频率特性,分析测试结果与估算结果的差异。

1. 测量静态工作点

按图 1 - 4 - 1 连接实验电路,取 $V_{CC} = +12$ V,$U_i = 0$,用数字电压表分别测量第一级、第二级的静态工作点,记入表 1 - 4 - 1 中。

表 1 - 4 - 1　测量静态工作点

	U_B/V	U_E/V	U_C/V	I_C/mA
第一级				
第二级				

2. 测量基本放大器的动态性能指标

实验电路按图 1 - 4 - 1 连接,不接反馈支路。各仪器连接注意共地。

(1)测量中频电压放大倍数 A_u、输入电阻 R_i 和输出电阻 R_o。

①以 $f = 1$ kHz,$U_s = 10$ mV 正弦信号输入放大器,用示波器监视输出波形 u_o,在 u_o 不失真的情况下,用交流毫伏表测量 U_s、U_i、U_L,记入表 1 - 4 - 2 中。

②保持 U_s 不变,断开负载电阻 R_L,测量空载时的输出电压 U_o,记入表 1 - 4 - 2 中。

表 1 - 4 - 2　测量放大的动态性能

	U_s/mV	U_i/mV	U_L/mV	U_o/mV	A_u	R_i	R_o
基本放大器							
负反馈放大器							

（2）测量通频带

接上 R_L，保持（1）中的 U_s 不变，然后增加和减小输入信号的频率，找出上、下限频率 f_H 和 f_L，记入表 1 - 4 - 3 中。

表 1 - 4 - 3　测量通频带

	f_L	f_H	A_f
基本放大器			
负反馈放大器			

（3）观察负反馈对非线性失真的改善

①实验电路图 1 - 4 - 1 不接负反馈时，在输入端加入 $f = 1\ \mathrm{kHz}$ 的正弦信号，输出端接示波器，逐渐增大输入信号的幅度，使输出波形出现失真，记下此时的波形和输出电压的幅度。

②再将实验电路接成负反馈放大器，增大输入信号幅度，使输出电压幅度的大小与（1）相同，比较有负反馈时，输出波形的变化。

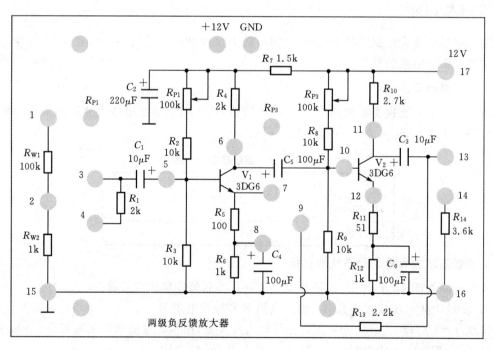

图 1 - 4 - 5　实验电路板布置图

五、预习报告

1.计算各表中的估算值。

2.在电路中引入负反馈后,通频带有何变化? 付出了什么代价?

3.减少非线性失真的代价是什么? 负反馈电路对于环外的不对称信号或外部加噪声,能否改善?

六、实验报告

1.实际测试完成后,科学、真实地记录数据,填入"实验内容"中的表格。

2.比较测试参数值与实际测试结果的差异,解释产生差异的原因。

3.记录实验心得。

实验 5　信号发生器

一、实验目的

1.熟悉如何用集成运放构成正弦波发生器。

2.了解如何用集成运放构成方波、三角波发生器。

3.学习波形发生器的调整和主要性能指标的测试方法。

二、实验原理

1.RC 桥式振荡电路

如图 1-5-1 所示,由 RC 串并联选频网络和同相比例放大器可构成 RC 振荡电路。振荡电路的输出频率为 $f_0 = \dfrac{1}{2\pi RC}$。

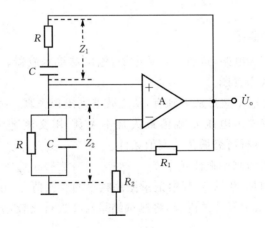

图 1-5-1　RC 桥式振荡电路

2.三角波和方波发生器

图 1-5-2(a)中,运放 A_1 与电阻 R_0、R_1、R_2,双向稳压管 D_Z 组成的电路是同相输入的迟滞比较器,而电阻 R、电容 C 和运放 A_2 组成积分器;积分器的输出信号与迟滞比较器的输入端

相连,则迟滞比较器输出的方波经积分器积分可得到三角波,三角波又触发迟滞比较器自动翻转形成方波,这样即可构成三角波、方波发生器。

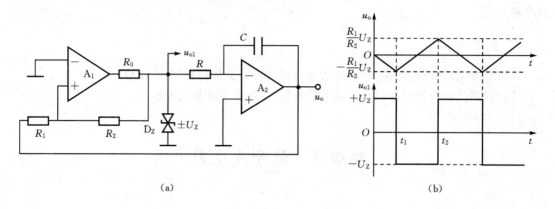

(a)　　　　　　　　　　　　　　　　　(b)

图 1-5-2　三角波和方波发生器

(a)电路图；(b)工作波形

图 1-5-2(b)为电路的工作波形,其中,方波发生器的输出幅值为 $U_{o1} = \pm U_z$,三角波发生器的输出幅值为 $U_{om} = \dfrac{R_1}{R_2} U_z$,振荡频率为 $f = \dfrac{R_2}{4R_1 RC}$。通过改变 R、C 或者 R_2/R_1 的值都可以改变振荡频率,但改变 R_2/R_1 的值同时也会改变三角波的幅值。

三、实验仪器

信号源、示波器、万用表。

四、实验内容

1. RC 桥式正弦波振荡器

按图 1-5-3 连接实验电路,接通 ±12V 电源,输出端接示波器。图 1-5-5 为 RC 桥式正弦波振荡器实验电路板布置图。

①调节电位器 R_P,使输出波形从无到有,从正弦波到出现失真。描绘 u_o 的波形。

②调节电位器 R_P,使输出电压 u_o 幅值最大且不失真,用交流毫伏表分别测量输出电压 U_o、反馈电压 U_+ 和 U_-,分析研究振荡的幅值条件。

③用示波器(或频率计)测量振荡频率 $f_o =$ 　　　　,然后在选频网络的两个电阻(R_2 和 R_5)上并联同一阻值电阻(R_3 和 R_6),观察记录振荡频率的变化情况,并与理论值进行比较。

④断开二极管 D_1、D_2,重复②的内容,将测试结果与②进行比较,分析 D_1、D_2 的稳幅作用。

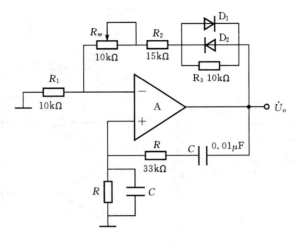

图 1 - 5 - 3　RC 桥式振荡电路

2. 三角波和方波发生器

按图 1 - 5 - 4 连接实验电路,电路的振荡频率为

$$f = \frac{R_2}{4R_1(R_f + R_P)C_f}$$

图 1 - 5 - 6 为三角波和方波发生器实验电路板布置图。

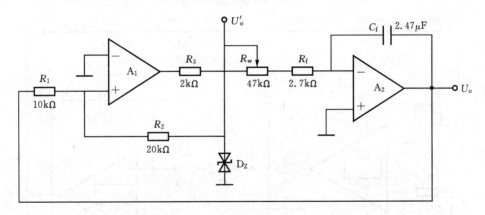

图 1 - 5 - 4　三角波和方波发生器

　　①将电位器 R_w 调至合适位置,用双踪示波器观察并描绘三角波输出 u_o 及方波输出 u_o',测其幅值、频率及 R_w 值,记录之。

　　②改变 R_w 的位置,观察对 u_o、u_o' 幅值及频率的影响。

　　③改变 R_1(或 R_2),观察对 u_o、u_o' 幅值及频率的影响。

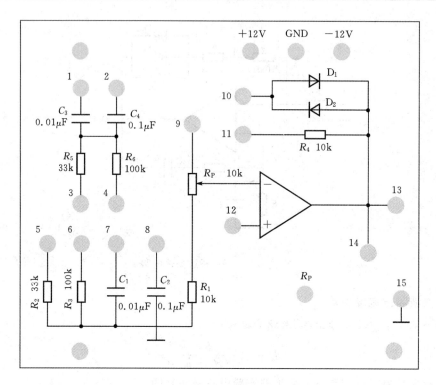

图 1-5-5　RC 桥式振荡电路实验电路板布置图

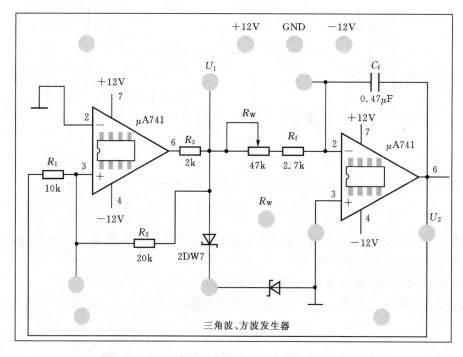

图 1-5-6　三角波和方波发生器实验电路板布置图

五、预习报告

1. 为什么在 RC 桥式振荡电路中要引入负反馈支路？增加二极管 D_1 和 D_2 的作用是什么？

2. 在波形发生器各电路中，"相位补偿"和"调零"是否需要？为什么？

3. 怎样改变图 $1-5-4$ 电路输出的方波及三角波的频率及幅值？

六、实验报告

1. RC 桥式振荡电路：

①列表整理实验数据，画出波形，把实测频率与理论值进行比较；

②根据实验分析 RC 振荡器的振幅平衡条件；

③讨论二极管 D_1、D_2 的稳幅作用。

2. 三角波和方波发生器：

①整理实验数据，把实测频率与理论值进行比较；

②在坐标纸上，按比例画出三角波及方波的波形，并标明时间和电压幅值；

③分析电路参数变化（R_1、R_2 和 R_W）对输出波形频率及幅值的影响。

3. 记录实验心得。

实验 6　互补推挽功率放大电路(OTL)

一、实验目的

1. 理解 OTL 功率放大器的工作原理。

2. 掌握 OTL 电路的调试及主要性能指标的测试方法。

二、实验原理

图 $1-6-1$ 中，NPN 型晶体管的电压偏置可以通过单电源供电完成，而耦合电容 C 在正半周充电，负半周放电，其电压即为 PNP 型晶体管的负偏置电压。

计算单电源供给的 AB 类功率放大电路的主要性能指标时，应注意电源应为 $V_{CC}/2$。

设输入信号为 $u_i = U_{im}\sin\omega t$，输出信号的电压幅值和电流幅值分别为 U_{om} 和 I_{om}。

①忽略饱和压降时，输出功率的最大值为

$$P_{om} \approx \frac{V_{CC}^2}{8R_L}$$

②直流电源供给的功率

$$P_V = V_{CC}I_C \approx \frac{V_{CC}^2}{2\pi R_L}$$

③效率 η 为输出功率与直流电源供给功率之比。若忽略饱和压降，输出电压最大值为 $V_{CC}/2$，所以其最大效率为

$$\eta_{max} = \frac{P_{om}}{P_V} \approx \frac{\pi}{4} \approx 78.5\%$$

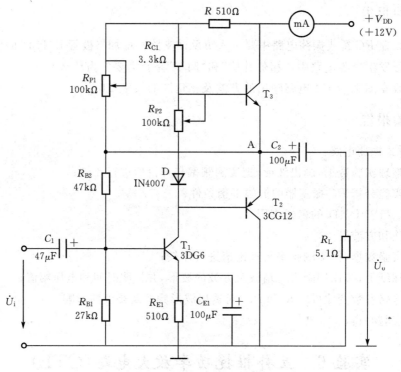

图 1 - 6 - 1　OTL 功率放大电路原理图

三、实验仪器

示波器、信号源、万用表、毫伏表。

四、实验内容

在整个测试过程中，电路不应有自激现象。

1. 静态工作点的测试

按图 1 - 6 - 1 连接实验电路，R_{P1} 置中间位置。接通 +12V 电源。实验电路板示意图见图 1 - 6 - 2。

①调节输出端中点电位 V_A。调节电位器 R_{P1}，用数字直流电压表测量 A 点电位，使 $U_A = V_{CC}/2$。

②测试各级静态工作点。测量各级静态工作点，记入表 1 - 6 - 1 中。

表 1 - 6 - 1

$U_A = 6$ V

	T_1	T_2	T_3
U_B/V			
U_C/V			
U_E/V			

注意：①在调整 R_{P2} 时，要注意旋转方向，不要调得过大，更不能开路，以免损坏输出管。

②输出管静态电流调好,如无特殊情况,不得随意旋动R_{P2}的位置。

2. 最大输出功率P_{om}

在实验中可通过测量R_L两端的电压有效值,来求得实际的最大输出功率,即$P_{om} \approx \dfrac{U_{om}^2}{R_L}$。

输入端接$f=1$ kHz的正弦信号u_i,输出端接示波器观察输出电压u_o波形。逐渐增大u_i,使输出电压达到最大不失真输出,用交流毫伏表测出负载R_L上的电压U_{om},代入公式即得P_{om}。

3. 噪声电压的测试

测量时将输入端短路($u_i=0$),观察输出噪声波形,并用交流毫伏表测量输出电压,即为噪声电压U_N,本电路若$U_N<15$ mV,即满足要求。

五、预习报告

1. 计算静态工作点、最大不失真输出功率P_{om}、效率η等,并与理论值进行比较。
2. 为什么引入自举电路能够扩大输出电压的动态范围?
3. 交越失真产生的原因是什么?怎样克服交越失真?
4. 电路中电位器R_{P2}如果开路或短路,对电路工作有何影响?
5. 为了不损坏输出管,调试中应注意什么问题?

六、实验报告

1. 实际测试完成后,科学、真实地记录数据,填入"实验内容"中的表格。
2. 比较测试参数值与实际测试结果的差异,解释产生差异的原因。
3. 记录实验心得。

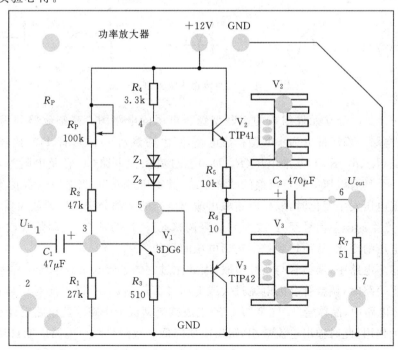

图1-6-2 实验电路板示意图

实验 7　串联型晶体管稳压电源

一、实验目的

1. 熟悉直流稳压电源电路的组成及各部分的作用。
2. 掌握串联型晶体管稳压电源主要技术指标的测试方法。

二、实验原理

1. 实验电路

电子设备一般都需要直流电源供电。这些直流电除了少数直接利用干电池和直流发电机外,大多数是采用把交流电(市电)转变为直流电的直流稳压电源。

直流稳压电源由电源变压器、整流、滤波和稳压电路四部分组成,其原理框图如图 1-7-1 所示。电网供给的交流电压 u_1(220 V,50 Hz)经电源变压器降压后,得到符合电路需要的交流电压 u_2,然后由整流电路变换成方向不变、大小随时间变化的脉动电压 u_3,再用滤波器滤去其交流分量,就可得到比较平直的直流电压 u_r。但这样的直流输出电压,还会随交流电网电压的波动或负载的变化而变化。在对直流供电要求较高的场合,还需要使用稳压电路,以保证输出直流电压更加稳定。

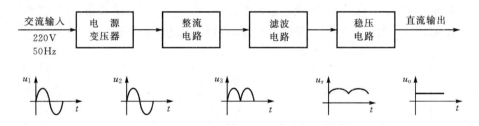

图 1-7-1　直流稳压电源原理框图

图 1-7-2 是由分立元件组成的串联型稳压电源的电路图。其整流部分为单相桥式整流、电容滤波电路。稳压部分为串联型稳压电路,它由调整元件(晶体管 T_1),比较放大器(T_2、R_7),取样电路(R_1、R_2、R_w),基准电压(R_3、D_w)和过流保护电路(T_3 管及电阻等)组成。整个稳压电路是一个具有电压串联负反馈的闭环系统,其稳压过程为:当电网电压波动或负载变动引起输出直流电压发生变化时,取样电路取出输出电压的一部分送入比较放大器,并与基准电压进行比较,产生的误差信号经 T_2 放大后送至调整元件 T_1 的基极,使调整管改变其管压降,以补偿输出电压的变化,从而达到稳定输出电压的目的。

由于在稳压电路中,调整管与负载串联,因此流过它的电流与负载电流一样大。当输出电流过大或发生短路时,调整管会因电流过大或电压过高而损坏,所以需要对调整管加以保护。在图 1-7-2 电路中,晶体管 T_3 与 R_4、R_5、R_6 组成减流型保护电路。此电路设计在 $I_{op}=1.2I$ 时开始起保护作用,此时输出电流减小,输出电压降低。故障排除后电路应能自动恢复正常工作。在调试时,若保护提前作用,应减小 R_6 值;若保护作用推后,则应增大 R_6 之值。

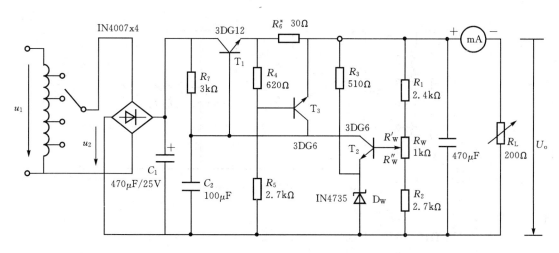

图 1-7-2　由分立元件组成的串联型稳压电源

2. 稳压电源的主要性能指标

①输出电压 U_o 和输出电压调节范围

$$U_o = \frac{R_1 + R_w + R_2}{R_w + R_2}(U_z + U_{BE2})$$

调节 R_w 可以改变输出电压 U_o。

②最大负载电流 I_{om}。

③输出电阻 R_o。输出电阻 R_o 定义为,当输入电压 U_1(稳压电路输入)保持不变,由于负载变化而引起的输出电压变化量与输出电流变化量 ΔI_o 之比,即

$$R_o = \frac{\Delta U_o}{\Delta I_o}\bigg|_{U_1 = 常数}$$

④稳压系数 S(电压调整率)。稳压系数定义为:当负载保持不变,输出电压相对变化量与输入电压相对变化量之比,即

$$S = \frac{\Delta U_o / U_o}{\Delta U_1 / U_1}\bigg|_{R_L = 常数}$$

由于工程上常把电网电压波动±10 %作为极限条件,因此也有将此时输出电压的相对变化 $\Delta U_o/U_o$ 做为衡量指标,称为电压调整率。

⑤纹波电压。输出纹波电压是指在额定负载条件下,输出电压中所含交流分量的有效值(或峰值)。

三、实验仪器

可调交流电源、直流电压表、毫安表、示波器、交流毫伏表、滑线变阻器(200 Ω)。

四、实验内容

1. 整流滤波电路测试

按图 1-7-3 连接实验电路。使 $U_2 = 15$ V。

①取 $R_L = 470$ Ω,不加滤波电容,测量交流输出电压 u_2 及纹波电压 u_L,并用示波器观察 u_2

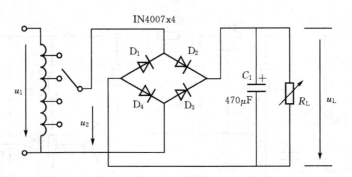

图 1－7－3　整流滤波测试电路

和 u_L 波形,记入表 1－7－1 中。

②取 $R_L＝470\ \Omega$，$C＝470\ \mu F$，重复内容①的要求，记入表 1－7－1 中。

表 1－7－1

电 路 形 式		U_2/V	U_L/V	U_1 波形
$R_L＝470\ \Omega$				
$R_L＝470\ \Omega$ $C＝470\ \mu F$				

注意：

①每次改接电路时,必须切断电源；

②在观察输出电压 u_L 波形的过程中,"Y 轴灵敏度"旋钮位置调好以后,不要再变动,否则将无法比较各波形的脉动情况。

2. 串联型稳压电路性能测试

实验电路板如图 1－7－4 所示。

①将滤波后的电压连接到实验板的 1、8 插孔。

②测量输出电压可调范围。取 $U_2＝15\ V$，调节电位器 R_W，测量输出电压可调范围 U_{omin}～U_{omax}。然后重新调节 R_W 使 $U_o＝12\ V$。

③在电网电压 U_s 不变的条件下(即 $U_2＝15\ V$)测量整流滤波电源、稳压电源的外特性,即 $U_s＝f(I_L)$。

按表 1－7－2 所列项目进行测量和记录。

表 1-7-2　　　　　　　　　　　　　　　　　　　　　　$U_2 = 15$ V

测 试 项 目		测 试 数 据		
整流滤波电源	I_L/mA	最小	100	200
	U_L/V			
稳压电源	I_L/mA	最小	100	200
	U_L/V			

注:表中负载电流最小是指将负载电阻调到最大时所对应的电流值

④测量电网电压 U_s 波动 $\pm 10\%$，$I_o = 100$ mA 时,整流滤波电源和稳压电源输出电压 U_L 的变化情况,即 $U_L = f(U_s)$。将测量结果记录在表 1-7-3 中。

表 1-7-3　　　　　　　　　　　　　　　　　　　　　　$I_L = 100$mA

测 试 项 目		测 试 数 据		
U_2/V		12	15	18
U_L/V	整流滤波电源			
	稳压电源			

五、预习报告

1.复习教材中有关分立元件稳压电源部分的内容,并根据实验电路参数估算 U_o 的可调范围及 $U_o = 12$ V 时 T_1、T_2 管的静态工作点(设调整管的饱和压降 $U_{CEIS} \approx 1$ V)。

2.在桥式整流电路实验中,能否用双踪示波器同时观察 u_2 和 u_L 波形,为什么?

3.在桥式整流电路中,如果某个二极管发生开路、短路或反接三种情况,将会出现什么问题?

4.为了使稳压电源的输出电压 $U_o = 12$ V,其输入电压的最小值 U_{1min} 应等于多少?

5.当稳压电源输出不正常,或输出电压 U_o 不随取样电位器 R_P 而变化时,应如何进行检查找出故障所在?

六、实验报告

1.实际测试完成后,科学、真实地记录数据,填入"实验内容"中的表格。

2.比较测试参数值与实际测试结果的差异,解释产生差异的原因。

3.记录实验心得。

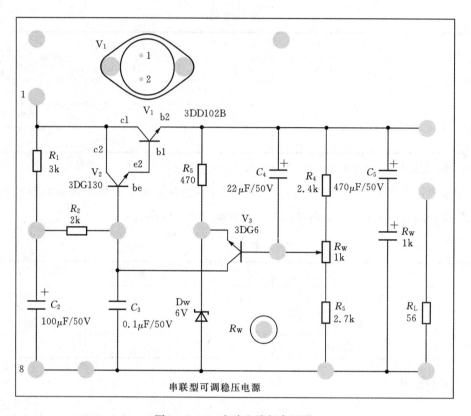

图 1 - 7 - 4　实验电路板布置图

第2章　电路仿真分析与设计

电子技术仿真软件的种类较多,它们各有特点,掌握其中任何一种仿真软件的使用,都可以很容易学会其他同类仿真软件的操作。

仿真软件的使用,可以巩固学生对电子技术的基本单元电路的掌握,拓展与电子技术相关的模块电路的学习和应用设计。当然,仿真分析与设计出的电路,还需通过实际组建电路,制作正确的印刷电路板,挑选合格的元器件,焊接工艺可靠无虚焊,借助仪器调试和微调电路参数,测试功能和技术参数等过程才算完成了设计。

学习并熟悉 NI Multisim 仿真软件,不仅要掌握软件中电路的仿真测试和分析功能,更重要的应熟悉仿真电路的原理、参数调整、功能和应用场合。

2.1　仿真入门——跟我学

以基极固定分压晶体管共射放大电路为例,如图 2-1-1 所示,采用 NI Multisim 估算静态工作点,观察输入输出波形,并分析放大电路的动态性能指标。下面将介绍在 NI Multisim 软件平台上,如何建立仿真电路及其测试和分析过程。

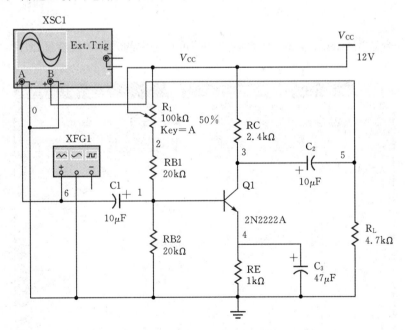

图 2-1-1　基极固定分压晶体管放大电路图

1. 放置元器件

①绘制电路图的第一步,将所需元件放置在大致的位置上。单击"Place"菜单,在下拉菜单中选择"Component"。这时会跳出一个选择元器件的窗口,如图 2-1-2 所示。在"Group"中选择"Transistors"元件库,就会看到"Family"窗口中罗列出该库中所含元件的类别;单击"BJT_NPN","Component"窗口中就是 NPN 双极型晶体管的实际型号,任选一个都会在右边的窗口中显示该元件的符号、型号、封装等信息。

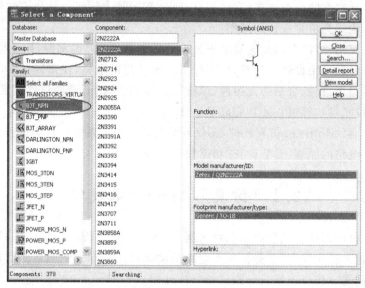

图 2-1-2　选择元器件的窗口

②寻找到合适型号的晶体管之后,单击"OK"可将选中的元件放置在图纸上,如图2-1-3所示。

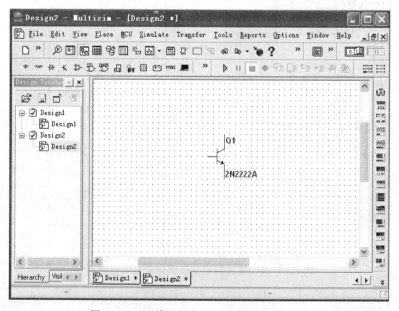

图 2-1-3　将选择好的元件放置在图纸中

③同理，可在"Basic"基础元件库中找到电阻、电容和电位器，放置在电路图中相应的位置上。各元件的名称、数值大小等都可通过双击该元件，在随后跳出的窗口中设置。图 2-1-4 以电阻 R1 为例，改变名称为 RB1，阻值 20 kΩ。

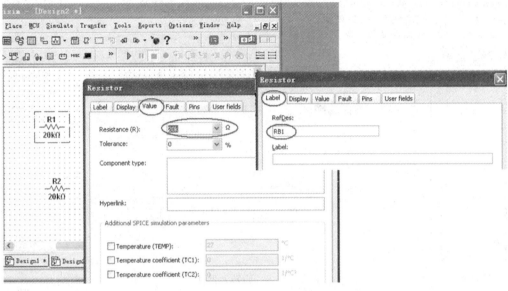

图 2-1-4 改变电阻 R1 的阻值和名称

④选择电容时应仔细观察电容符号，勿将普通电容当做电解电容使用。图 2-1-5 中作了清楚标示。

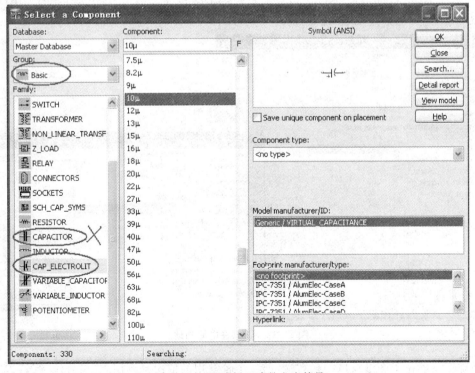

图 2-1-5 选择正确的电容符号

⑤将所需元件放在其应处的位置之后,还可以在元件上单击右键,旋转角度调整元件的方向,使绘图更美观,如图2-1-6所示。

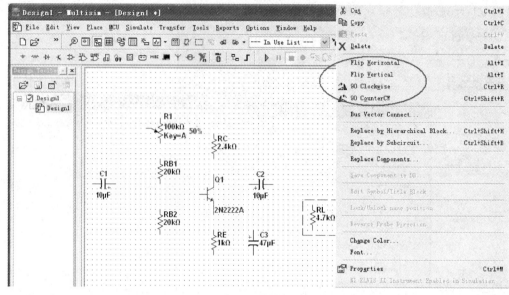

图2-1-6 旋转元器件

2. 放置电源、地和虚拟仪器

①电源和地都在"Sources"库中,注意 VCC 和 VDD 为正电源,VEE 和 VSS 为负电源。使用时,应注意 VCC 和 VEE 用在 TTL 电路中,VDD 和 VSS 用于 CMOS 电路。GROUND 为模拟地,DGND 为数字地,如图2-1-7所示。

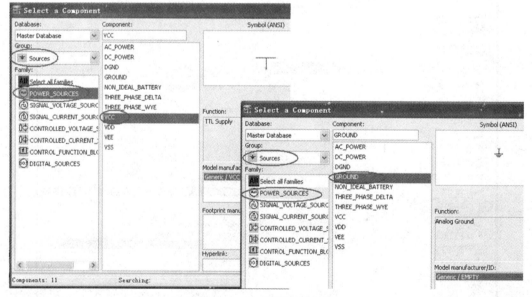

图2-1-7 放置电源和地

②虚拟仪器位于图纸窗口的最右端,前6个较常用的依次是万用表、信号源、瓦特表、双踪

示波器、4 通道示波器、波特图仪。本例中用到第 2 个信号源和第 4 个双踪示波器,如图 2-1-8 所示放置在图纸中。

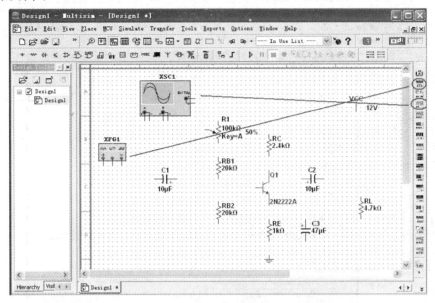

图 2-1-8　放置虚拟仪器

③最后,将放置好的元件以及仪器相连接,就可得到如图 2-1-1 所示的电路图。

3. 共射放大电路的静态分析

①电路图绘制完成后,即可在"Simulate"下拉菜单的"Analyses"选项中选择分析类别,对电路进行静态和动态分析。其中,静态分析选择第一项"DC Operating Point",如图 2-1-9 所示。

图 2-1-9　选择静态工作点的分析

②这时,会跳出如图 2-1-10 所示的窗口。在默认"Output"选项里,左侧为电路中所有

的电压电流变量,直接选择需要分析的电压或电流,单击"Add"添加到右边的窗口中。

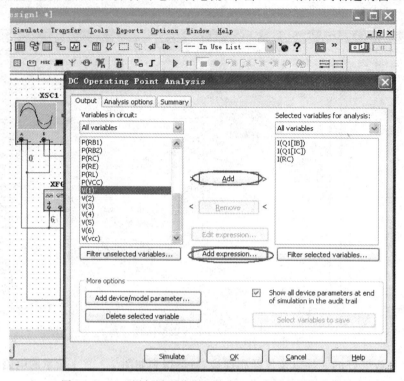

图 2-1-10　添加需要分析的静态工作点的电压电流值

③也可以单击"Add expression"编辑计算公式进行分析。例如,按照图 2-1-11 所示的步骤可添加 U_{BEQ} 表达式,单击"OK",将表达式添加到需要分析显示的窗口中,如图 2-1-12 所示;最后单击"Simulate"分析计算静态工作点。

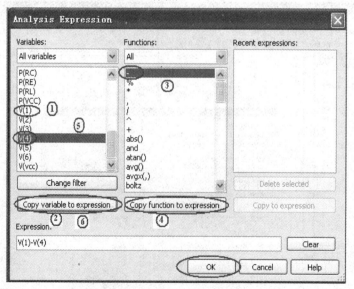

图 2-1-11　添加计算公式分析静态工作点

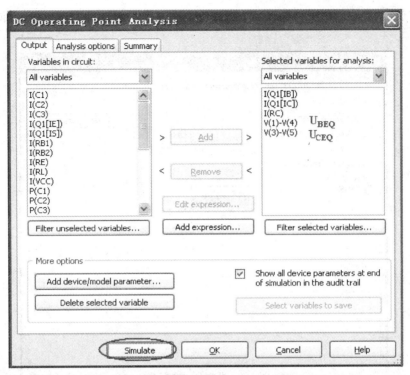

图 2-1-12　分析直接添加或利用计算公式得出的电流电压值

④静态分析结果如图 2-1-13 所示。

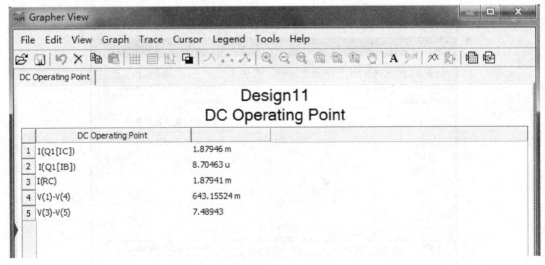

图 2-1-13　静态工作点分析结果

4. 共射放大电路的动态分析

①在"Simulate"的下拉菜单中选择"Analyses"的第二项"AC Analysis",分析电路的动态性能指标。在添加需要分析的变量或表达式之前,应先设置横纵坐标。如图 2-1-14 所示,前四项设置横坐标,最后一项设置纵坐标。横坐标的起点为 1 Hz,终点为 10 GHz;扫频类型

为"Decade"(十倍频程);每十倍频程中采样点为 10。纵坐标有四种类型可选,本例选择为"对数坐标"。

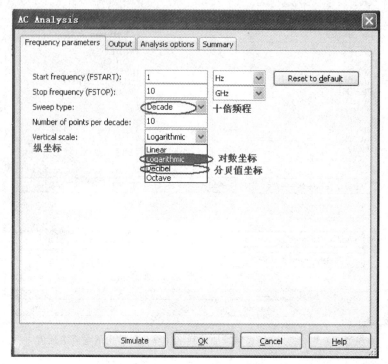

图 2 - 1 - 14　设置动态分析的横纵坐标

②类似静态分析的步骤,如图 2 - 1 - 15 所示,编辑电压放大倍数公式并仿真。

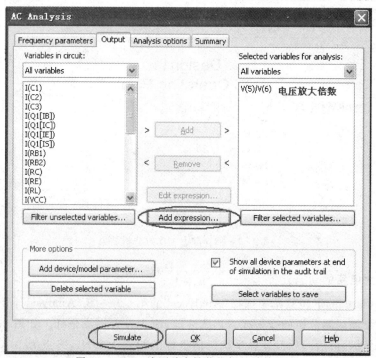

图 2 - 1 - 15　编写动态性能指标的计算公式

③图 2-1-1 所示放大电路的频率特性如图 2-1-16 所示,两幅图分别为放大电路的幅频特性和相频特性。可仿照图 2-1-17,找出输入输出电压相位相差 180°(或-180°)时的幅值即可知输入输出电压呈反相时的电压放大倍数。

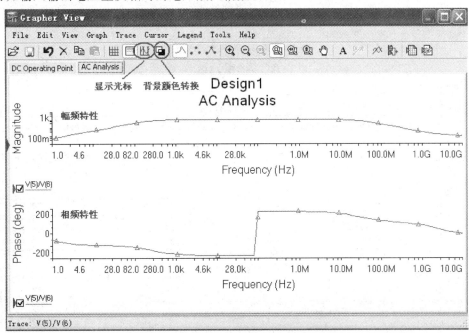

图 2-1-16　放大电路的频率特性曲线

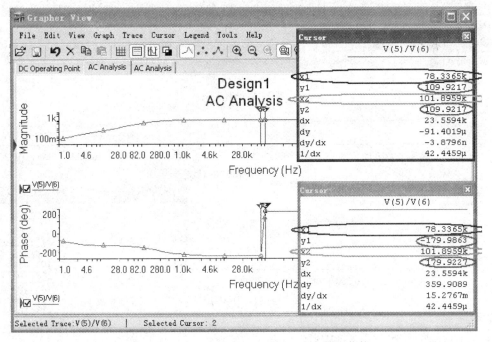

图 2-1-17　求出共射放大电路的电压放大倍数

④同理可得电路的输入电阻和输出电阻，如图 2-1-18 和图 2-1-19 所示。

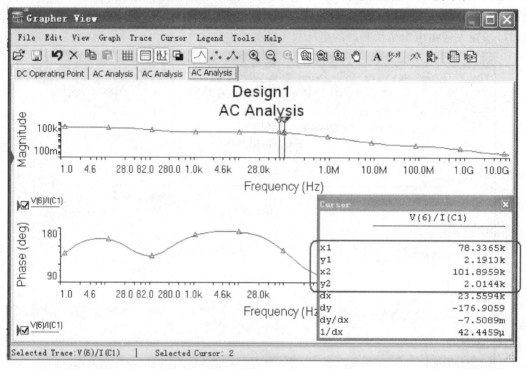

图 2-1-18 求出输入电阻

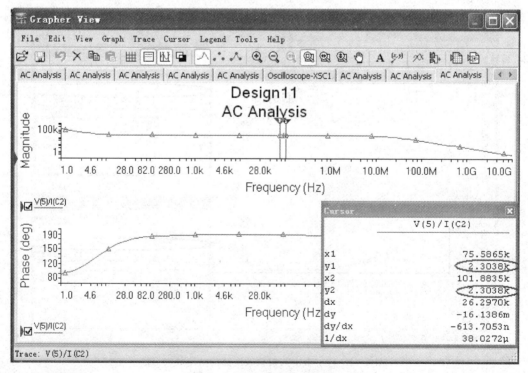

图 2-1-19 求出输出电阻

2.2　模拟电子电路仿真练习

针对应用技术型本科的培养特点,加深和巩固基本概念、基本理论并使学生掌握估算分析方法是必须的。所以,我们在课程实验中,保留了传统的验证性实验教学方法。但是由于课时的原因,仅选择了部分必须掌握的内容通过课程实验完成,将部分实验内容通过仿真练习作为补充,起到了既能加深和巩固模拟电子课程的理论学习,又能熟练仿真软件使用能力的双重功效。

2.2.1　正弦波振荡电路

1. 电感三点式振荡电路

采用 LC 谐振回路作为选频网络的振荡电路称为 LC 振荡电路。根据反馈形式的不同, LC 振荡电路可分为变压器反馈式和三点式振荡电路。

①电感三点式振荡电路如图 $2-2-1$(a)所示,等效谐振回路如图 $2-2-1$(b)所示。

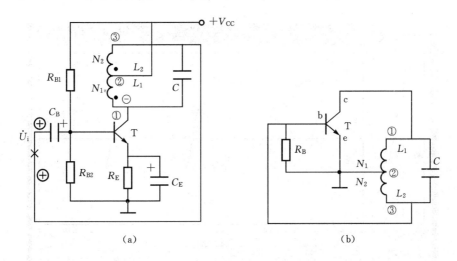

图 $2-2-1$　电感三点式振荡电路

②理论估算振荡频率。若给定图 $2-2-1$(a)中的 $L_1=82\ \mu\text{H}$, $L_2=18\ \mu\text{H}$, $C=240\ \text{pF}$,则可估算该电路的振荡频率 f_0 为

$$
\begin{aligned}
f_0 &= \frac{1}{2\pi\ \sqrt{(L_1+L_2)C}} \\
&= \frac{1}{2\pi\ \sqrt{(82+18)\times10^{-6}\times240\times10^{-12}}} \\
&= 1\ \text{MHz}
\end{aligned}
$$

③建立仿真电路图,如图 $2-2-2$ 所示,给定电路参数并仿真(见图 $2-2-3$)。

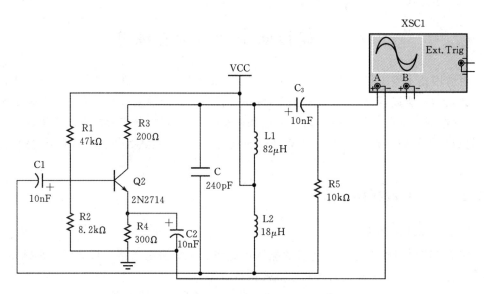

图 2-2-2　电感三点式振荡电路仿真电路图

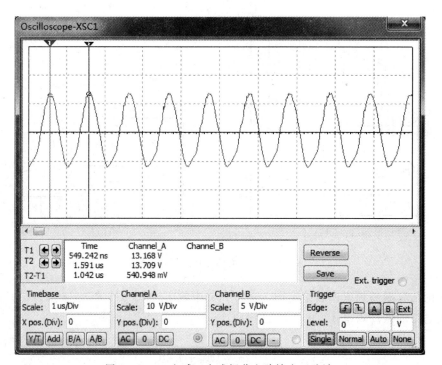

图 2-2-3　电感三点式振荡电路输出正弦波

④仿真结果和理论估算比较分析。仿真结果 $f_0 = \dfrac{1}{1.042 \times 10^{-6}} = 0.96\ \mathrm{MHz}$，与理论计算值近似。

2. 电容三点式振荡电路

①电容三点式振荡电路又称考毕兹振荡电路，其电路如图 2-2-4(a)所示，图 2-2-4(b)

为其交流通路。电容 C_1、C_2 和电感 L 构成正反馈选频网络,反馈信号取自电容 C_2 两端,故称为电容三点式振荡电路,也称电容反馈式振荡电路。

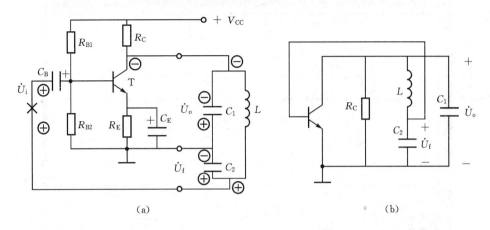

(a)　　　　　　　　　　　　　(b)

图 2-2-4　电容三点式振荡电路

(a)电路图;(b)交流通路

②理论估算振荡频率。若给定 $L=100\ \mu\text{H}$,$C_1=47\ \text{nF}$,$C_2=120\ \text{nF}$,则可估算该电路的振荡频率 f_0 为

$$f_0 = \frac{1}{2\pi\sqrt{LC_\Sigma}} = \frac{1}{2\pi\sqrt{L\dfrac{C_1 C_2}{C_1+C_2}}} = \frac{1}{2\pi\sqrt{100\times10^{-6}\times\dfrac{120\times10^{-9}\times47\times10^{-9}}{(120+47)\times10^{-9}}}} = 173.2\ \text{kHz}$$

③建立仿真电路图如图 2-2-5 所示,给定电路参数并仿真。

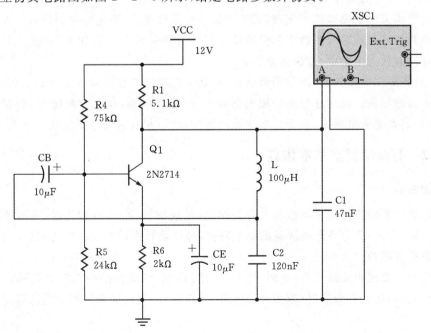

图 2-2-5　电容三点式振荡电路仿真图

④仿真结果如图 2-2-6 所示。

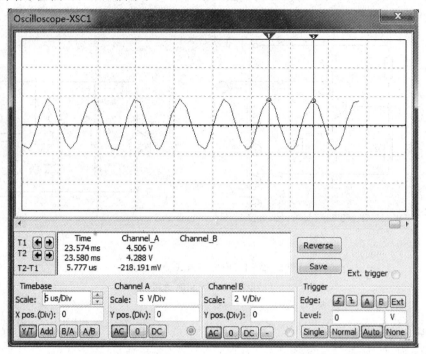

图 2-2-6　电容三点式振荡电路输出正弦波

仿真结果 $f_0 = \dfrac{1}{5.777 \times 10^{-6}} = 173.1 \text{ kHz}$，与理论计算值近似。

注：本节内容虽然是模拟电子技术基础的传统内容，但作为振荡电路（例如，应用于信号发生器），目前已不采用纯模拟技术实现（因为它具有振荡频率低，稳定性差等缺点），而是用数字技术包括单片机或集成芯片或数字和模拟技术相结合来完成。尽管如此，谐振回路作为选频网络应用在选频放大电路中，效果还是很好的。

另外，具备振荡电路知识，同学们就会想到，如果在电路中存在电容或电感效应，电路就有可能会产生自激振荡。这点在分析应用电路时十分有用，例如，在电力系统中，会有大量的电容和电感；在高频电子电路中，由于分布参数的影响，会引起有害的自激振荡。

2.2.2　有源滤波器基本仿真

1.滤波电路

按照滤波电路的工作频带可以将其分为四类：低通滤波器、高通滤波器、带通滤波器和带阻滤波器。图 2-2-7 为理想滤波器的幅频特性，允许信号通过的频段称为通带，将信号衰减到零的频段称为阻带。

如果滤波电路仅由无源元件（电阻、电容、电感）构成，叫做无源滤波器。如果滤波电路中不仅有无源元件，还有有源器件（双极性晶体管、场效应管、集成运放），则称为有源滤波电路。

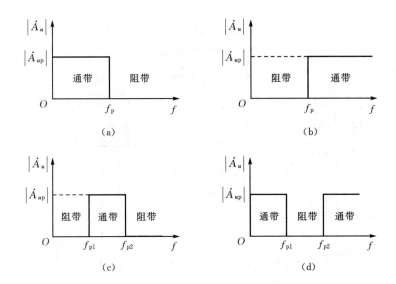

图 2－2－7　理想滤波器的幅频特性
(a)低通；(b)高通；(c)带通；(d)带阻

2. 一阶低通滤波器

①一阶低通滤波器仿真电路。一阶低通滤波器电路简单，但是滤波效果不好。若要求幅频特性曲线在高频段以更大的衰减速度下降，就需要采用二阶、三阶或更高阶的滤波器。一阶低通滤波电路如图 2－2－8 所示。

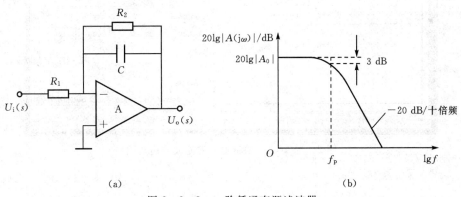

图 2－2－8　一阶低通有源滤波器
(a)电路图；(b)幅频特性

②理论估算一阶低通滤波器的截止频率 f_p。若给定图 2－2－8(a)中的电路参数 $R_2=10\ \text{k}\Omega,C=47\ \text{nF}$，则可估算该电路的截止频率为

$$f_p=\frac{1}{2\pi R_2 C}=\frac{1}{2\pi\times 10\times 10^3\times 47\times 10^{-9}}=338.628\ \text{Hz}$$

幅值 $A_0=\left|\dfrac{R_2}{R_1}\right|=1$。

③建立仿真电路如图 2－2－9 所示，给定电路参数并仿真。

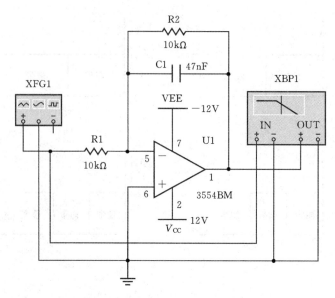

图 2-2-9　一阶低通有源滤波器仿真图

④仿真结果和理论估算分析。观察波特图仪如图 2-2-10 所示，放大倍数从 0 dB 下降 3 dB，可得截止频率。由于仿真软件采样点数有限，不能准确找到－3 dB，只找到了－3.099 dB，此时的频率为 345.511 Hz，与理论计算结果近似。

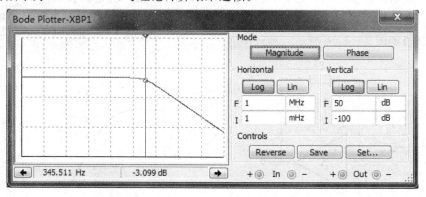

图 2-2-10　一阶低通有源滤波器仿真图

2.二阶低通滤波器

①二阶低通滤波器仿真电路。一个简单的二阶低通有源滤波器如图 2-2-11 所示，其不同 Q 值下的幅频特性如图 2-2-12 所示。

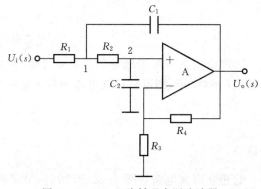

图 2-2-11　二阶低通有源滤波器

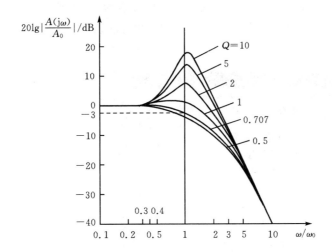

图 2-2-12　不同 Q 值下二阶低通有源滤波器的幅频特性

②理论估算二阶低通滤波器的截止频率 f_p。若给定图 2-2-11 中的电路参数，$R_1 = R_2 = R_4 = 10\ \text{k}\Omega$，$R_3 = 20\ \text{k}\Omega$，$C_1 = C_2 = 47\ \text{nF}$，则可估算该电路的截止频率为

$$f_p = \frac{1}{2\pi\ \sqrt{R_1 R_2 C_2 C_1}} = \frac{1}{2\pi\ \sqrt{10 \times 10^3 \times 10 \times 10^3 \times 47 \times 10^{-9} \times 47 \times 10^{-9}}} = 338.628\ \text{Hz}$$

增益为 $A_0 = \left|\dfrac{R_3 + R_4}{R_4}\right| = 1.5$。

③如图 2-2-13 建立仿真电路图，给定电路参数并仿真。

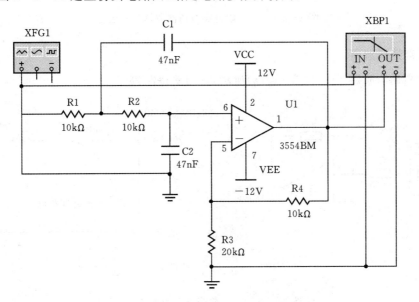

图 2-2-13　二阶低通有源滤波器仿真图

④仿真结果和理论估算分析。除了利用波特图仪观察截止频率外，还可以利用交流分析（AC Analysis）分析电路的幅相频特性，如图 2-2-14 所示。从坐标窗口可以看出：$x_2 =$

1.000 时，$y_2 = 1.5000$，即标尺 2 与幅频特性曲线的交点为 (1.0000,1.5000)，电路的放大倍数为 1.5。放大倍数从 1.5 处下降至 1.5×0.707 处，此时的频率为 320.4017 Hz，与理论计算值近似。

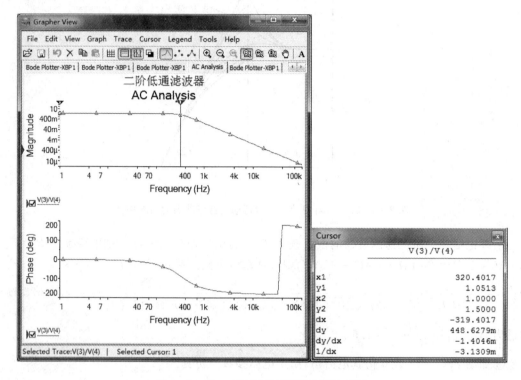

图 2-2-14　二阶低通有源滤波器仿真图

3. 一阶高通滤波器

① 一阶高通滤波器如图 2-2-15(a) 所示，其频率特性为

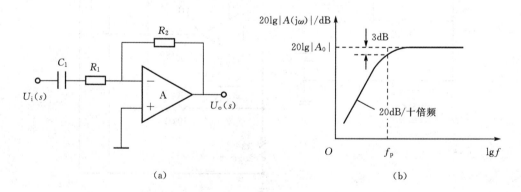

图 2-2-15　一阶高通有源滤波器

(a) 电路图；(b) 幅频特性

② 理论估算一阶高通滤波器的截止频率 f_p。若给定图 2-2-15(a) 中的电路参数，$R_1 =$

$R_2 = 10\ \text{k}\Omega, C_1 = 47\ \text{nF}$，则可估算该电路的截止频率为

$$f_\text{p} = \frac{1}{2\pi R_2 C_1} = \frac{1}{2\pi \times 10 \times 10^3 \times 47 \times 10^{-9}} = 338.628\ \text{Hz}$$

增益 $A_0 = \left| \dfrac{R_2}{R_1} \right| = 1$。

③建立仿真电路图，电路参数如图 2-2-16 中给定，并仿真。

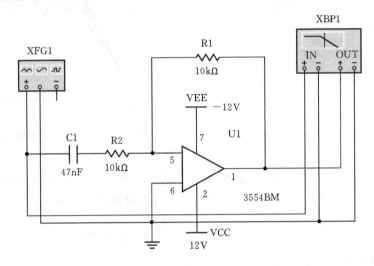

图 2-2-16　一阶高通有源滤波器仿真图

④仿真结果和理论估算分析。观察波特图仪（如图 2-2-17 所示），放大倍数从 0 dB 下降 3 dB，取 −2.924 dB 时的频率 345.511 Hz，与理论计算结果近似。

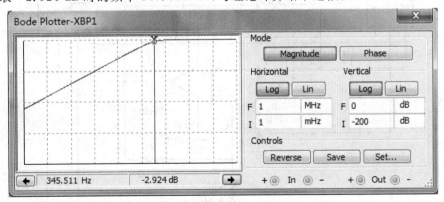

图 2-2-17　一阶高通有源滤波器仿真图

4.二阶高通滤波器

①图 2-2-18 所示电路为典型二阶高通有源滤波器，其频率特性如图 2-2-19 所示。

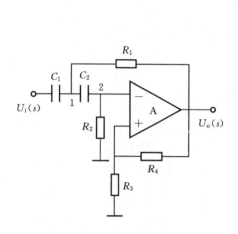

图 2-2-18　二阶高通有源滤波器

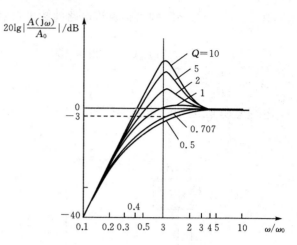

图 2-2-19　二阶高通有源滤波器的频率特性

②理论估算二阶高通滤波器的截止频率 f_p。若给定图 2-2-18 中的电路参数,$R_1 = R_2 = R_4 = 10$ kΩ,$R_3 = 20$ kΩ,$C_1 = C_2 = 4.7$ nF,则可估算该电路的截止频率为

$$f_p = \frac{1}{2\pi \sqrt{R_2 R_1 C_2 C_1}} = \frac{1}{2\pi \sqrt{10 \times 10^3 \times 10 \times 10^3 \times 4.7 \times 10^{-9} \times 4.7 \times 10^{-9}}} = 338.6 \text{ kHz}$$

增益为 $A_0 = \left| \dfrac{R_3 + R_4}{R_3} \right| = 1.5$。

③建立仿真电路图,电路参数如图 2-2-20 中给定,并仿真。

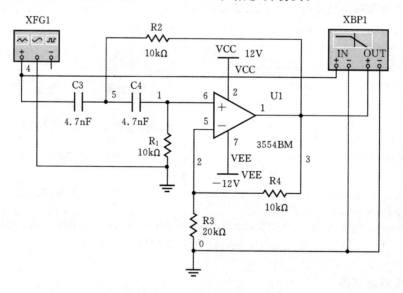

图 2-2-20　二阶高通有源滤波器仿真图

④仿真结果和理论估算分析。利用交流分析(AC Analysis)分析电路的幅相频特性,如图 2-2-21 所示。从坐标窗口可以看出:$y_1 = 1.4998$,即标尺 1 与幅频特性曲线交点的纵坐标为 1.4998,电路的放大倍数约为 1.5。取幅值近似 0.707 倍处的幅值 1.0603,则此时的频率

为 3.6478 kHz，与理论计算值近似。

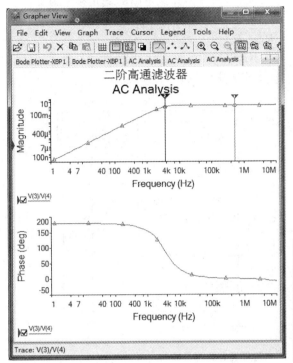
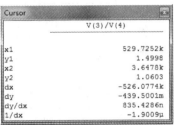

图 2 - 2 - 21　二阶高通有源滤波器仿真图

5. 带通滤波器

①带通滤波器如图 2 - 2 - 22(a)所示，其幅频特性如图 2 - 2 - 22(b)所示。

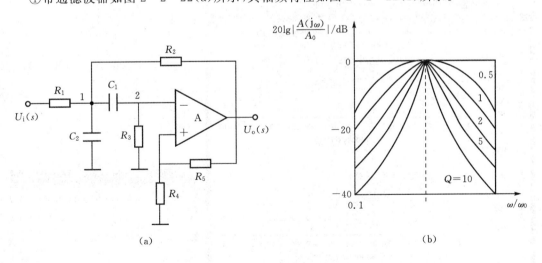

(a)　　　　　　　　　　　　　　　　　(b)

图 2 - 2 - 22　二阶带通有源滤波器

(a)电路图；(b)幅频特性

②理论估算带通滤波器的上下截止频率 f_p。若给定图 2-2-22(a)中的电路参数，$R_1=$ 160 kΩ，$R_2=12$ kΩ，$R_3=22$ kΩ，$C_1=C_2=10$ nF，则可估算该电路的截止频率为

$$f_p = \frac{1}{2\pi\sqrt{\dfrac{R_2+R_1}{R_3R_2R_1C_2C_1}}} = 1.016 \text{ kHz}$$

③建立仿真电路图，电路参数如图 2-2-23 中给定，并仿真。

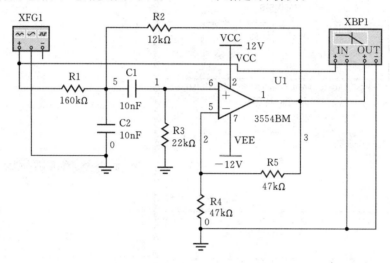

图 2-2-23　二阶带通有源滤波器仿真图

④仿真结果和理论估算分析。图 2-2-24 所示的二阶带通有源滤波器的中心频率为 $x_2=1.0329$ kHz，与理论估算值近似。

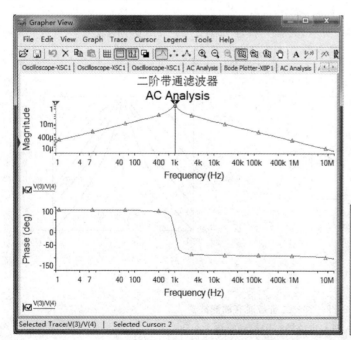

图 2-2-24　二阶带通有源滤波器仿真图

6. 双 T 型带阻滤波器

①图 2 - 2 - 25(a)所示电路为双 T 型带阻滤波器,其幅频特性曲线如图 2 - 2 - 25(b)所示。

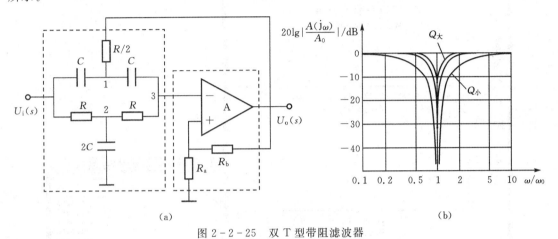

(a)　　　　　　　　　　　　　　　　　　　　　(b)

图 2 - 2 - 25　双 T 型带阻滤波器

(a)电路图;(b)幅频特性

②理论估算双 T 型带阻滤波器频带。若给定图 2 - 2 - 25(a)中的电路参数,$R = 10\ \text{k}\Omega$,$C = 1\ \text{nF}$,则可估算该电路的截止频率为

$$f_p = \frac{1}{2\pi RC} = 15.915\ \text{kHz}$$

③建立仿真电路图,电路参数如图 2 - 2 - 26 中给定,并仿真。

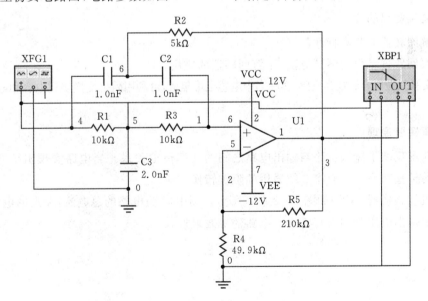

图 2 - 2 - 26　双 T 型带阻有源滤波器仿真图

④仿真结果和理论估算分析。图 2 - 2 - 27 所示的双 T 型带阻有源滤波器的中心频率为 $x_2 = 16.0542\ \text{kHz}$,与理论估算值近似。

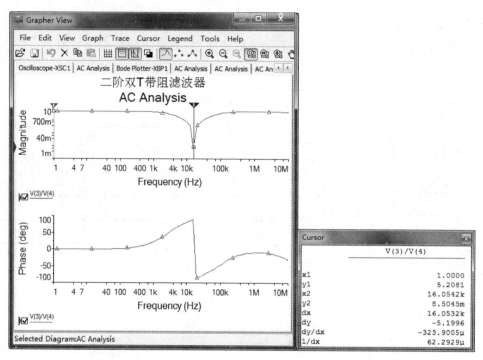

图 2 - 2 - 27　双 T 型带阻有源滤波器仿真图

2.2.3　回转器

1. 仿真实验目的

①了解回转器的基本特性。

②掌握回转器参数的测试方法,了解回转器的应用。

③本实验只做电容转换为电感,实际当中电感很难集成,可利用阻抗变换实现电容和电感之间的转换。

2. 仿真实验原理

阻抗匹配反映了输入电路与输出电路之间的功率传输关系。当电路实现阻抗匹配时,将获得最大的传输功率。下面将介绍通用的阻抗转换方法。

通用阻抗转换器(GIC)如图 2 - 2 - 28 所示。图中,I 为电路的总电流,A 点的电压为 U_A,两个运放的输出电压分别为 U_1、U_2。电路的等效阻抗为

$$Z = \frac{U_A}{I}$$

由图 2 - 2 - 28 可知

$$I = \frac{U_A - U_1}{Z_1}$$

根据虚短、虚断可得

$$\frac{U_1 - U_A}{Z_2} = \frac{U_A - U_2}{Z_3}$$

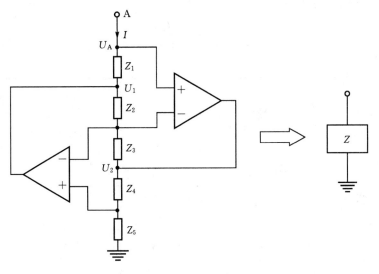

$$图 2-2-28\quad 通用阻抗转换器(GIC)$$

$$\frac{U_2 - U_A}{Z_4} = \frac{U_A}{Z_5}$$

联立式以上三式可得

$$I = \frac{Z_2 Z_4}{Z_1 Z_3 Z_5}$$

则通用阻抗转换器的等效阻抗为

$$Z = \frac{Z_1 Z_3 Z_5}{Z_2 Z_4}$$

3. 仿真内容

(1)理论推导等效电感表达式

电感转换电路如图 2-2-29 所示。U_1 为输入电压,U_2 为第一级运放输出电压,U_4 为第二级运放的输出电压。电路的输入电流为

$$\dot{I} = \frac{\dot{U}_1 - \dot{U}_4}{R_4}$$

第一级运放输出电压的表达式为

$$\dot{U}_2 = \left(1 + \frac{R_2}{R_1}\right)\dot{U}_1 = A\dot{U}_1$$

第二级运放输出电压的表达式为

$$\dot{U}_4 = -\frac{1}{j\omega R_4 C}\dot{U}_2 + \left(1 + \frac{1}{j\omega R_3 C}\right)\dot{U}_1$$

联立以上三式,可得

$$\dot{I} = \frac{A - 1}{j\omega R_4 R_3 C}\dot{U}_1$$

等效输入阻抗为

$$Z = \frac{\dot{U}_1}{\dot{I}} = j\omega \frac{R_4 R_3 C}{A - 1}$$

当 $A \gg 1$ 时,输入阻抗可近似为

$$Z \approx j\omega \frac{R_4 R_3 C}{A}$$

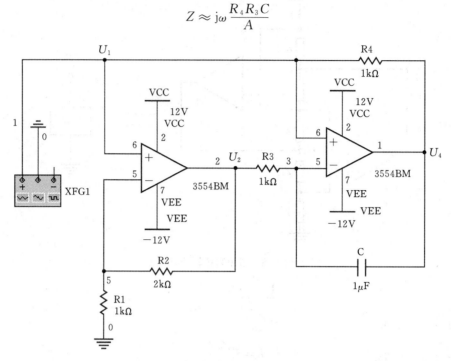

图 2 - 2 - 29　电感转换电路

（2）给定电路参数并仿真

仿真结果如图 2 - 2 - 30 所示,阻抗相角为 $90°$,电容转换为电感。

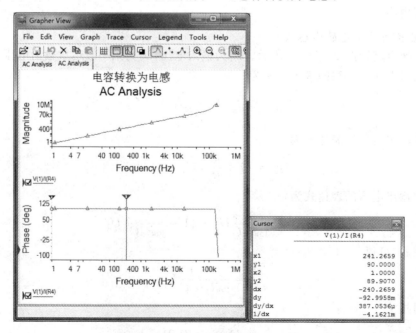

图 2 - 2 - 30　电感转换电路仿真图

2.3 典型应用电路的仿真研究

本节的教学采用设计建议型的方法,即在给定电路结构的基础上,由学生主动通过仿真研究完善自己的设计。通过仿真研究加深对模拟电子技术的基本概念、单元电路和典型应用电路的理解,这些正是应用技术型本科学生必须掌握的内容。

2.3.1 绝对值电路仿真

1. 绝对值电路的概念

绝对值电路也称为准确度高的全波检波电路,或称为线性检波电路,有的书中称为精密全波整流电路,不过,这里应该注意,检波和整流虽然看起来作用相似,但检波二极管的参数强调的是管压降低、开关速度快;而整流管强调的是平均电流要大。例如,检波二极管的型号和整流二极管型号、参数等有所不同。另外,从结构上来看,一般整流二极管是面接触型,而检波二极管是点接触型。

2. 三运放差分放大电路集成芯片介绍

有多种方法可以实现绝对值电路,下面介绍选用某种型号的差分放大器构成绝对值电路。

(1)AD8277 内部结构图

如图 2-3-1 所示,AD8277 是一个双通道差动放大器。

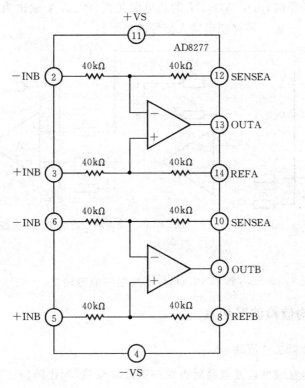

图 2-3-1 AD8277 内部结构图

（2）AD8277 引脚图及功能

AD8277 引脚如图 2-3-2 所示，引脚功能描述见表 2-3-1。

表 2-3-1　AD8277 引脚功能描述

引脚编号	名称	描述
1	NC	空脚
2	−INA	通道 A 反相输入
3	+INA	通道 A 同相输入
4	−VS	负电源
5	+INB	通道 B 同相输入
6	−INB	通道 B 反相输入
7	NC	空脚
8	REFB	通道 B 基准电压源输入
9	OUTB	通道 B 输出
10	SENSEB	通道 B 检测引脚
11	+VS	正电源
12	SENSEA	通道 A 检测引脚
13	OUTA	通道 A 输出
14	REFA	通道 A 基准电压源输入

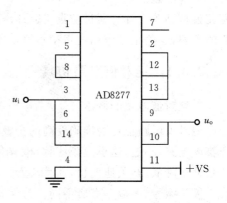

图 2-3-2　AD8277 的引脚连接图

（3）由 AD8277 和正电源组成的线性检波电路

由 AD8277 和正电源组成的线性检波电路如图 2-3-3 所示。当输入信号为正时，A_1 为电压跟随器，A_2 的两个输入端的电位与输入信号相同，因此 A_2 将正信号传递到输出端，$u_o = u_i$。当输入信号为负时，由于 AD8277 的负电源接地，所以，A_1 输出为 0V，A_2 变为反相器，因此，A_2 输出为 $u_o = -u_i$。最终获得输入信号的绝对值。

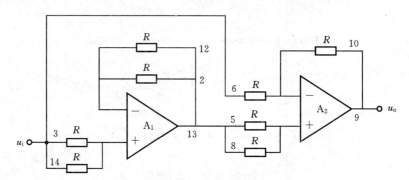

图 2-3-3　由 AD8277 和正电源组成的线性检波电路

3. 仿真内容

给定输入电压为 10 mV，频率 10 kHz，仿真绝对值电路。

2.3.2　平均值检波器仿真

1. 平均值检波器工作原理

平均值电路是在线性检波电路后再加一级低通滤波器（比例积分），将交流电压按比例变成近似平均值电压的恒定直流电压，可分为半波的平均值电路和全波的平均值电路。图 2-3-4 所示为半波的平均值电路。

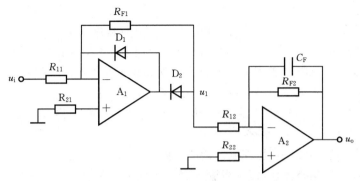

图 2 - 3 - 4　半波的平均值电路

如果 $R_{F2} \gg \dfrac{1}{\omega C_F}$，可认为此时全部纹波电压都被运放 A_2 抑制，对输出有影响的仅是 u_1 的直流分量，即平均值电压。设 $u_i = \sqrt{2}U_i\sin\omega t$，可得

$$U_o = -\frac{R_{F2}}{R_{12}}\overline{U_1} = -\frac{R_{F2}}{R_{12}}\frac{1}{2\pi}\int_0^{2\pi}u_1\mathrm{d}(\omega t)$$

又因为当 u_i 为负半周时，$u_1 = 0$；u_i 为正半周时，可得

$$u_1 = -\frac{R_{F1}}{R_{11}}u_i = -\frac{R_{F1}}{R_{11}}\sqrt{2}U_i\sin\omega t$$

联立两式可得

$$U_o = \frac{R_{F1}}{R_{11}}\frac{R_{F2}}{R_{12}}\frac{1}{2\pi}\int_0^{\pi}\sqrt{2}U_i\sin\omega t\,\mathrm{d}(\omega t) = \frac{R_{F1}}{R_{11}}\frac{R_{F2}}{R_{12}}\frac{\sqrt{2}U_i}{\pi}$$

当 $\dfrac{R_{F1}}{R_{11}}\dfrac{R_{F2}}{R_{12}} = 1$ 时，可得

$$U_o = \frac{2\sqrt{2}}{\pi}U_i$$

可见，输出是输入的半波平均值。

2. 仿真内容

给定输入电压为 10 mV，频率 10 kHz，可选用通用的集成运放（如 μA741 等）仿真平均值电路。

2.3.3　锁相环电路

1. 电路原理

锁相环电路也称为自动相位控制电路，是一种负反馈控制环电路，能够实现无频差的频率跟踪和相位跟踪，其输出信号与输入信号频率相同。

（1）模拟锁相环

由鉴相器、环路滤波器和压控振荡器组成的环路即为锁相环路，如图 2 - 3 - 5 所示。

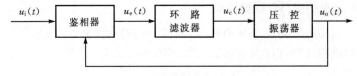

图 2 - 3 - 5　模拟锁相环电路方框图

　　锁相环实质上是一个相差自动调节系统。当输入信号 $u_i(t) = 0$ 时，环路滤波器的输出 $u_c(t)$ 为某一固定值，这时，压控振荡器按其固有频率进行自由振荡。

　　当有频率为 f_i 的输入信号输入时，$u_i(t)$ 与 $u_o(t)$ 同时输入鉴相器进行鉴相。如果两者相差不大，鉴相器输出一个与二者相位差成正比的误差信号 $u_e(t)$。经环路滤波器滤除高频组合频率分量，输出一个直流控制电压 U_c（U_c 为 $u_c(t)$ 的平均值）。U_c 将使压控振荡器的频率发生变化，向输入信号频率靠拢。最后，当输出信号 $u_o(t)$ 的频率与输入信号 $u_i(t)$ 的频率相等时环路被锁定。

　　环路一旦进入锁定状态后，压控振荡器的输出 $u_o(t)$ 与环路输入 $u_i(t)$ 之间只有一个固定的稳态相位差，而没有频差存在，而且当输入信号频率在捕捉带范围内变化或相位变化时，压控振荡器的输出将跟踪输入信号的频率和相位。

　　(2)集成锁相环

　　集成锁相环大致分为模拟、数字和混合三种类型。

　　模拟锁相环路的压控振荡器的控制端输入电压信号，鉴相器的输出是由固定电压表征的相位差，环路调节连续。数字锁相环路的鉴相器输出数字量，压控振荡器的控制端输入的是数字量经 D/A 转换后的电压信号，环路调节不连续。混合型锁相环路的压控振荡器的控制端输入电压信号，鉴相器输入数字信号，输出是由固定电压表征的相位差，环路调节连续。

　　另外，一般环路滤波器是外接的。

　　下面我们以集成锁相环芯片 CD4046 为例，介绍其基本工作原理及简单的应用。

　　CD4046 是通用的 CMOS 锁相环集成电路，其特点是电源电压范围宽（为 3～18 V），输入阻抗高（约 100 MΩ），动态功耗小，在中心频率 f_0 为 10 kHz 下功耗仅为 600 μW，属微功耗器件。

　　①CD4046 管脚如图 2 - 3 - 6(a)所示。

　　CD4046 采用 16 脚双列直插式，管脚图如图 2 - 3 - 6(a)所示。各引脚功能如下：1 脚是相位输出端，环路入锁时为高电平，环路失锁时为低电平；2 脚是相位比较器 Ⅰ 的输出端；3 脚是比较信号输入端；4 脚是压控振荡器输出端；5 脚是禁止端，高电平时禁止，低电平时允许压控振荡器工作；6、7 脚外接振荡电容；8、16 脚接电源的负端和正端；9 脚是压控振荡器的控制端；10 脚是解调输出端，用于 FM 解调；11、12 脚外接振荡电阻；13 脚是相位比较器 Ⅱ 的输出端；14 脚是信号输入端；15 脚接内部独立的齐纳稳压管负极。

　　②CD4046 内部原理框图如图 2 - 3 - 6(b)所示，主要由相位比较器 Ⅰ、Ⅱ，压控振荡器(VCO)，源极跟随器和放大、整形电路等组成。其中，分频器是外接的。

　　输入信号 u_i 从 14 脚输入后，经放大器 A_1 放大、整形后分别加到相位比较器 Ⅰ 和 Ⅱ 的输入端，相位比较器的反馈端信号来自压控振荡器(VCO)的输出 u_o（将 4 脚与 3 脚相连且不外接分频器）；当开关 K 拨至 2 脚，使用比较器 Ⅰ，当开关 K 拨至 13 脚，使用比较器 Ⅱ；从相位比较器输出的误差电压 u_φ 反映出两者的相位差。u_φ 经 R_3、R_4 及 C_2 滤波后得到一控制电压 u_d，将其加至压控振荡器 VCO 的控制端(9 脚)，调整 VCO 的振荡频率 f_2，使 f_2 迅速逼近信号频率 f_1，最终使 $f_2 = f_1$，且两者的相位差为一定值，实现了相位锁定。

2. 由 CD4046 组成的频率合成器举例

　　频率合成器是利用高稳定度的基准频率，通过一定的变换和处理后，产生一系列离散频率点的信号源。利用锁相环路可以构成性能良好的频率合成器，这是目前广泛采用的一种频率合成技术。

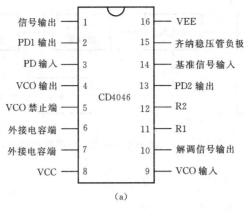

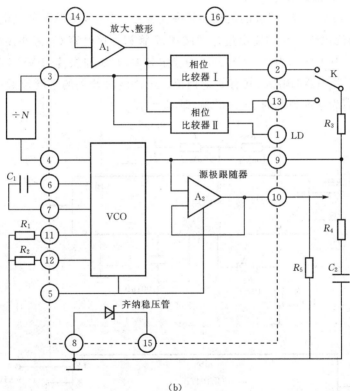

图 2-3-6 CD4046 管脚图和内部电路图

(a)管脚图;(b)内部电路图

(1)锁相环频率合成器原理框图

频率合成器原理框图如图 2-3-7 所示。

图中,外接分频器 $\div N$ 电路分频后的信号接至锁相环的鉴相器的输入端(即反馈输入端)与锁相环输入端进行相位比较,实现锁相环的输出频率是鉴相器的输入频率的 N 倍,即 $f_\circ=Nf_1$,解决了合成器输出频率的细分问题。而前置分频器 $\div M$ 电路的接入,为实现信号的频率分段输出,即 $f_1 = \dfrac{1}{M}f_r$,解决了频段的粗调。频段内的频率范围为 $\dfrac{1}{M}f_r \sim Nf_r$;输出频率为

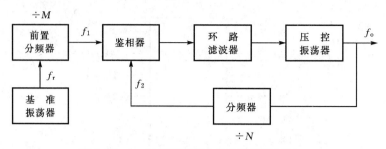

图 2-3-7　锁相环频率合成电路原理框图

$$f_\circ = \frac{N}{M} f_r$$

（2）由 CD4046 组成的频率合成器举例

图 2-3-8 为由 CD4046 组成的锁相环频率合成器。其中，13 管脚所接电阻 R_1、R_2 和 C_1 组成滤波器，对相位比较器 Ⅱ 的输出进行滤波；6、7 管脚外接电容 C_2 为外接振荡电容；11、12 脚外接振荡电阻。基准频率为 $f_T = 1\ \text{kHz}$ 的稳定频率；在压控振荡器 VCO 的输出外接分频器 CD4017 芯片至鉴相器的输入，共有 9 个挡位。选择波段开关的不同位置可分别实现频率合成器的输出频率为基准频率的 1～9 倍频，即 $f_\circ = N f_1$。

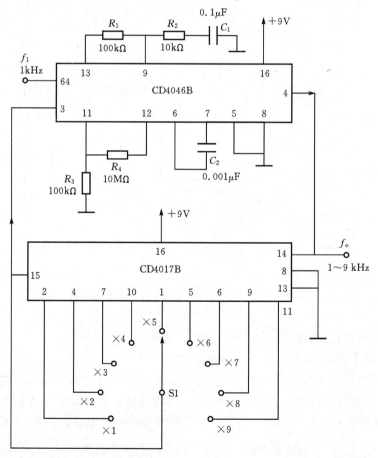

图 2-3-8　锁相环频率合成器

3. 仿真内容

利用 CD4046 组成频率合成器,并仿真。

2.4　综合设计制作选题

进行电子系统开发设计,不仅必须掌握一定的电子技术的相关基本理论知识,具备基本的分析和估算电路参数的能力,而且必须具有印刷电路板的设计、焊接、调试和使用测试仪器等技能。有经验的工程师常说"电子技术的应用电路,不是设计出来的,而是动手干出来的",当然这句话虽然不够全面,但很有参考价值。

本节训练内容为 MAX038 函数发生器和音频功率放大器的设计与调试。在指导书中给出了详细的设计步骤,通过跟我学的方式,初步学会设计一个简单应用系统。为了管理简化,选择统一的系统框图与主要器件。对部分爱好者重点进行创新思维的培养,设计建议学生主动上网查阅相关文献,学习、理解并确定满足题目要求的系统电路框图(包括功能模块和器件选择),应用仿真设计手段,初步独立完成仿真设计;然后通过移植复现组建自行设计的硬件系统并调试通过;进一步优化电路参数,进而测试系统技术参数,反复修正,使部分技术参数获得改善,实现初步创新。

2.4.1　MAX038 函数发生器

MAX038 是美国 MAXIM 公司生产的低失真、高频、高精度单片集成函数发生器,内含主振荡器、波形变换电路、波形选择多路开关、2.5 V 能隙基准电压源、相位检测器、同步脉冲输出,以及波形输出驱动电路等。通过少量的外接元件可以产生精确的高频三角波、锯齿波、正弦波、方波以及脉冲波,可用于高精度函数发生器、压控振荡器、频率调制器、脉宽调制器、锁相环、频率综合器以及 FSK 产生器等。

1. 性能特点

①输出频率范围为 0.1 Hz～20 MHz;

②可产生精确的三角波、锯齿波、方波和脉冲波;

③输出波形频率和占空比独立可调;

④350∶1 的频率扫描范围;

⑤15%～85% 可调占空比;

⑥0.1 Ω 低阻抗输出缓冲,输出电源电压峰峰值为 2 V,具有输出过载/短路保护;

⑦小于 $200 \times 10^{-6} ℃^{-1}$ 的温度频率飘移;

⑧输出正弦波失真度为 0.75%;

⑨内部功能齐全,外围电路简单,使用方便。

2. 引脚图与原理框图

MAX038 集成芯片采用 20 脚双列直插式(DIP)或小型扁平(SO)贴片式封装,其引脚排列如图 2-4-1 所示,引脚功能描述见表 2-4-1。

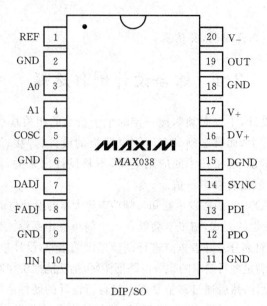

图 2 - 4 - 1　MAX038 引脚排列

表 2 - 4 - 1　MAX038 引脚功能描述

引脚号	引脚名	功　能
1	REF	2.50 V 基准电压参考输出
2,6,9,11,18	GND	模拟地
3	A0	输出波形选择输入端;TTL/CMOS 电平兼容
4	A1	输出波形选择输入端;TTL/CMOS 电平兼容
5	COSC	外接振荡电容
7	DADJ	脉冲占空比调节输入端
8	FADJ	振荡频率调节(电压输入)
10	IIN	振荡频率控制输入端
12	PDO	相位检测器输出。不使用相位检测器可将该引脚直接接地
13	PDI	相位检测器同步信号输入。不使用相位检测器可将该引脚直接接地
14	SYNC	同步脉冲输出,TTL/CMOS 电平兼容。可实现内部振荡器与外部信号同步。不使用该引脚可悬空
15	DGND	数字地
16	DV+	数字电路 5 V 电源输入端。如果 SYNC 引脚不用,该引脚可悬空
17	V+	5 V 电源输入端
19	OUT	正弦波、方波或三角波输出端
20	V−	−5 V 电源输入端

　　MAX038 内部结构图及典型外接电路如图 2 - 4 - 2 所示。电源为±5V,消耗功率为 400 mW,外接振荡器电容 C_F。MAX038 主振荡器为三角波振荡器,可同时输出三角波和两相脉冲波,振荡频率由调频输入电压 FADJ、参考电流 IIN 及外接振荡电容 COSC 共同决定,脉冲波占空比由 DADJ 调节。参考电流 IIN 用于粗调频率范围,FADJ 用于微调频率。内部正弦波变换电路将三角波变为正弦波,两相脉冲经比较器变成方波。输出波形由波形选择输入端 A1、A0

的输入状态(见表 2-4-2)确定。

表 2-4-2 A1、A0 端的输入状态

A1	A0	输出波形
0	0	方波
0	1	三角波
1	X	正弦波

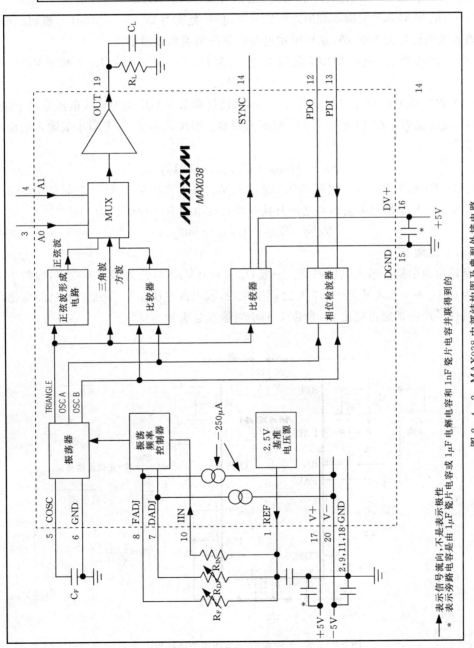

图 2-4-2 MAX038 内部结构图及典型外接电路

如果将引脚 13(PDI)输入的外同步信号经内部相位检测器与振荡频率进行相位比较,相位差信号从引脚 12 输出再反馈到引脚 8(FADJ),可构成锁相环,实现外同步。

3. 输出参数调节

(1)频率调节与计算

当 $U_{FADJ}=0$ V 时,输出频率为

$$f_0 = I_{IN}/C_F$$

I_{IN} 是输入到 MAX038 引脚 10 的电流,范围为 $2\sim750$ μA,IIN 电流的最佳范围为 $10\sim400$ μA。C_F 是 MAX038 引脚 5 和地之间的外接电容,范围为 20 pF$\sim$100 μF。输出频率固定时,I_{IN} 输入电流设定为 100 μA,这样可使电路产生的温度系数最小。

当 IIN 端与基准电压输出端 REF 之间外接一电阻 R_{IN} 时,$I_{IN}=U_{REF}/R_{IN}$ 。输出振荡频率为

$$f_0 = U_{IN}/R_{IN}C_F$$

当 IIN 输入端电流固定,$U_{FADJ}\neq0$ V 时,可通过调节 FADJ 端的输入电压来调节输出信号的频率,使振荡频率在 $(1\pm70\%)f_0$ 范围内调整。振荡频率 f_0 与 FADJ 端输入电压 U_{FADJ} 的关系为

$$R_F = (U_{REF}-U_{FADJ})/0.2915f_0$$

由于 FADJ 端为 250 μA 恒流输入,通过 U_{FADJ} 调节输出频率的一个简便方法就是在 FADJ 端与 2.5 V 基准电源输出端之间外接一个可变电阻 R_F,电阻值为

$$R_F = (U_{REF}-U_{FADJ})/250 \mu A$$

(2)占空比调节

占空比可由引脚 7 输入电压调节。一般 $U_{DADJ}=0$ V,占空比为 $D_C=50\%$,如图 2-4-3 所示。当 U_{DADJ} 在 -2.3 V 到 $+2.3$ V 之间变化时,输出占空比在 15% 到 85% 之间变化,且具有良好线性。产生指定占空比 D_C 所需 DADJ 端输入电压为

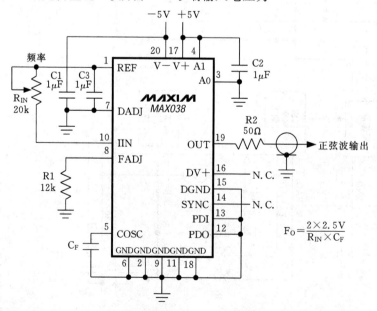

图 2-4-3　占空比为 50% 的正弦波输出电路

$$U_{\mathrm{DADJ}} = (50\% - D_{\mathrm{C}}) \times 0.0575$$

DADJ 端也是 250 μA 恒流输入，可通过在 DADJ 端与 2.5 V 基准电源之间外接一可变电阻 R_{D} 来调节占空比，其阻值计算如下

$$R_{\mathrm{D}} = (U_{\mathrm{REF}} - U_{\mathrm{DADJ}})/250\ \mu\mathrm{A}$$

4. 设计建议

利用 MAX038 设计的信号源的参考电路如图 2 - 4 - 4 所示。

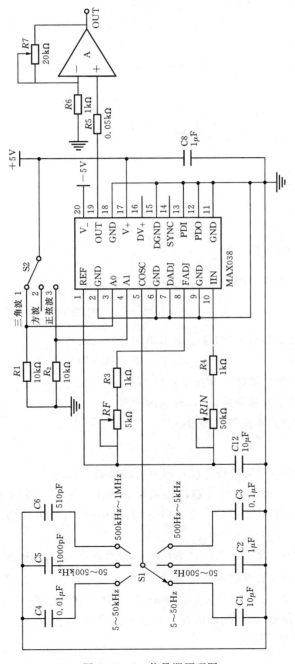

图 2 - 4 - 4　信号源原理图

频率的调节范围是:5 Hz~1 MHz。采用单刀六掷选通开关 S1 来选择频率的范围分别为:5~50 Hz;50~500 Hz;500 Hz~5 kHz;5~50 kHz;50~500 kHz;500 kHz ~1 MHz。采用单刀三掷选通开关 S2 来选择输出波形类型,如图 2-4-4 所示,"1"为三角波,"2"为方波,"3"是正弦波。

一般要求:学生在已制好的印刷电路板上焊接元器件,并分挡调试,完成电路功能。而对部分爱好者要求进行"移植复现"步骤。

5. 移植复现

①根据理论估算设计在万用板上焊接硬件系统;

②分模块对电路功能进行调试,并认证记录在调试中所出现的问题,重点分析出现的问题的原因和解决问题的方法;

③将调试好的各模块连接起来进行整机调试,进一步完善电路参数,达到较满意的效果。

6. 报告要求

①写出较完整的设计报告;

②记录调试中所遇到的问题并分析其原因;

③写出心得体会。

7. 验收形式

①对系统进行调试,调整电路参数达到设计要求;

②由任课教师现场打分,确定优、良、中、合格和不通过;

③设计中,有创新者另外加分。

2.4.2　简易音响放大器的设计与调试

1. 设计目的

①了解音响放大器的构成,并组成一个简单的音响放大器。

②理解音调控制器、集成功率放大器的工作原理和应用方法。

③理解和掌握音响放大器的主要技术指标和测试方法。

④根据给出的技术条件和指标,设计音响放大器。

⑤能够独立搭接电路,掌握调试技术。

2. 功能要求

要求用 8 Ω/5 W 的扬声器代替负载电阻 R_L,进行如下功能试听。

①话筒扩音。将话筒接话筒放大器的输入端。应注意使扬声器的方向与话筒的方向相反,否则扬声器的输出声音经话筒输入后,会产生自激啸叫。讲话时,扬声器传出的声音应清晰,改变音量电位器,可控制声音大小。

②音乐欣赏。将 MP3 输出的音乐信号接入混和前置放大器,调整音调控制器的高低音调控制电位器,扬声器的输出音调应发生明显变化。

③卡拉 OK 伴唱。MP3 输出卡拉 OK 伴唱音乐,伴随音乐歌唱,可适当调整话筒放大器与 MP3 输出的音量电位器,以控制歌声音量与音乐音量之间的比例。

3. 设计建议

音响放大器是一个多级放大系统,其整体电路框图如图 2-4-5 所示,可分为语音放大器、混合前置放大器、音调控制器和功率放大器四个功能模块。

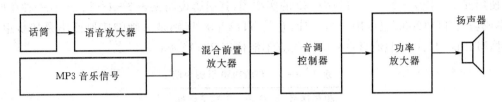

图 2-4-5　音响放大器整体电路框图

运算放大电路选择 LM324 通用四运算放大器,功率放大电路选择集成功放 TDA2030。

LM324 通用四运算放大器引脚如图 2-4-6 所示,引脚说明见表 2-4-2。LM324 内部包含四组形式完全相同的运算放大器,除电源共用外,四组运放相互独立。

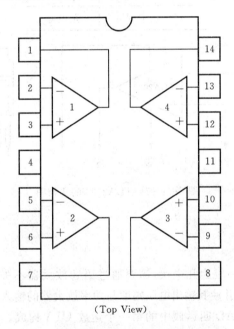

(Top View)

图 2-4-6　LM324 引脚图

表 2-4-2　LM324 四运放引脚说明

引脚序号	符号	端子名称	引脚序号	符号	端子名称
1	OUT1	运放 1 输出	8	OUT3	运放 3 输出
2	−IN1	运放 1 反相输入端	9	−IN3	运放 3 反相输入端
3	+IN1	运放 1 同相输入端	10	+IN3	运放 3 同相输入端
4	V_{CC}	正电源	11	V_{EE},GND	负电源,地
5	+IN2	运放 2 同相输入端	12	+IN4	运放 4 同相输入端
6	−IN2	运放 2 反相输入端	13	−IN4	运放 4 反相输入端
7	OUT2	运放 2 输出	14	OUT4	运放 4 输出

集成功放电路 TDA2030 具有体积小、输出功率大、失真小等特点,各引脚都有交直流保护,使用安全。图 2-4-7 是 TDA2030 的实物图,其引脚说明见表 2-4-3。还有一种单电源的集成功放 TDA2003 也可用于本设计,它与 TDA2030 区别是 3 管脚接地而不是接负电源。不过,Multism11.0 中只有 TDA2030,仿真不能使用 TDA2003。

表 2-4-3 **TDA2030 引脚说明**

引脚序号	符号	端子名称
1	+IN	同相输入端
2	−IN	反相输入端
3	GND	负电源
4	OUT	输出
5	V_{CC}	正电源

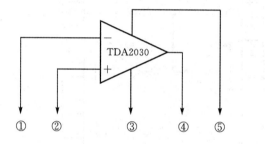

图 2-4-7 TDA2030 的实物图

4. 功能模块仿真设计

(1)语音放大器的设计

话筒输出的语音信号一般为几毫伏,需要通过语音放大器不失真地放大,以便与 MP3 输出的音乐信号更好地匹配,并使其输出电压幅度与功率放大器的输入灵敏度相匹配。图 2-4-8 所示语音放大器由 LM324AD 四运放中的第一个运放 U1A 构成。

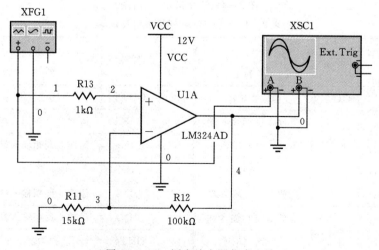

图 2-4-8 语音放大器仿真电路

仿真输入输出电压波形如图 2 - 4 - 9 所示。

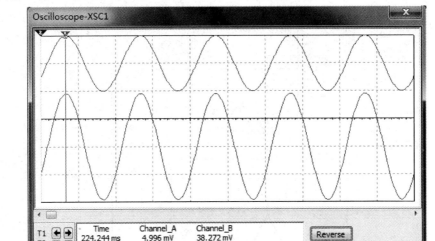

图 2 - 4 - 9　语音放大器输入输出电压波形

根据图 2 - 4 - 8 所示电路中给出的器件参数,可得语音放大器的放大倍数为 $\dot{A}_u = 1 +$ $\dfrac{R_{12}}{R_{11}} = 7.66$。若以 1 kHz,5 mV 的正弦波信号替代语音信号进行仿真,输出电压为 38.3 mV。输出端接示波器,可观测输入输出电压的波形。

(2)混合前置放大器的设计

利用 LM324AD 四运放中的第二个运放 U1B,将语音放大器的输出信号和 MP3 输出的音乐信号作为该运放反相端的两个输入信号,构成反相加法电路,即混合前置放大器。给定参数的仿真电路如图 2 - 4 - 10 所示。

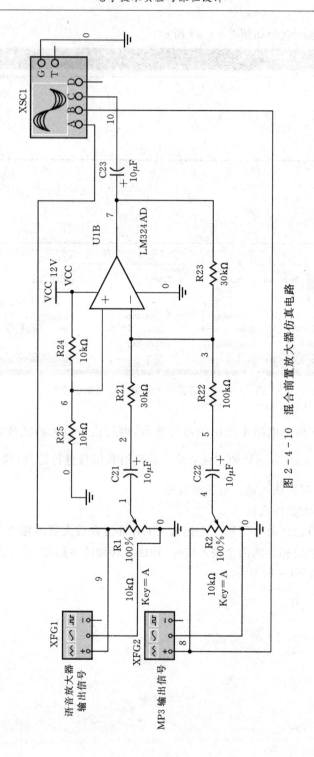

图 2 - 4 - 10　混合前置放大器仿真电路

　　将图 2 - 4 - 10 中的 R_1 和 R_2 的滑动端滑至最上端,给定语音放大器输出信号为 1 kHz, 38 mV;MP3 输出信号为 1 kHz, 100 mV。由图可知,混合前置放大器中"语音放大器输出信号"支路的放大倍数为 1,"MP3 输出信号"支路的放大倍数为 0.3。所以,此时的输出电压为 $\dot{A}_u = 1 \times$

$38 \text{ mV} + 0.3 \times 100 \text{ mV} = 68 \text{ mV}$。输出端接示波器可观察输入输出波形,如图 $2-4-11$ 所示。

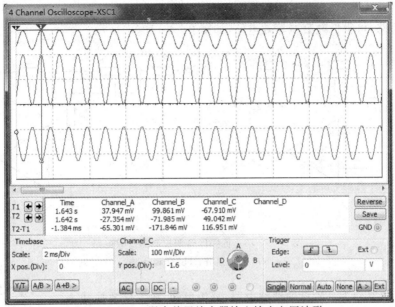

图 $2-4-11$　混合前置放大器输入输出电压波形

（3）音调控制器的设计

音调控制器的作用是调节放大器输出信号的频率响应曲线,使得输出音质得到改善,提高放音效果。音调控制器仿真电路如图 $2-4-12$ 所示。可通过调节 R_3 和 R_4 的滑动端,分别进行低频和高频信号的提升和衰减。

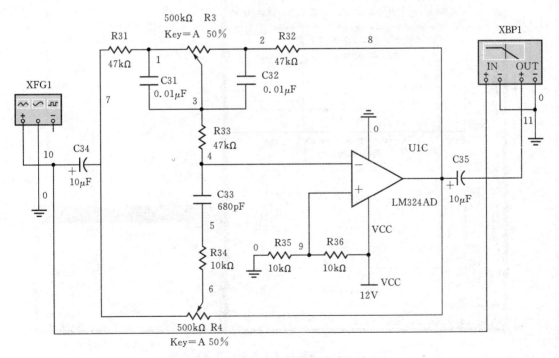

图 $2-4-12$　音调控制器仿真电路

①低频提升和衰减。若输入信号在低频区,由于 $C_{31}=C_{32}\gg C_{33}$,所以此时可看作开路。将滑动端滑至最左端, C_{31} 短路,可得低频提升等效电路,如图 2-4-13(a)所示;将滑动端滑至最右端, C_{32} 短路,可得低频衰减等效电路,如图 2-4-13(b)所示。

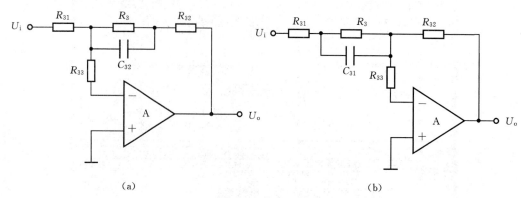

(a)　　　　　　　　　　　　　　　　(b)

图 2-4-13　低频区音调控制器等效电路
(a)低频提升;(b)低频衰减

图 2-4-13(a)为一阶低通滤波电路,分析可知,放大倍数提升 $\dot{A}_u=-\dfrac{R_3+R_{32}}{R_{31}}=-11.6$,斜率为 -20 dB/dec。仿真结果如图 2-4-14 所示。图 2-4-13(b)的放大倍数衰减 $\dot{A}_u=-\dfrac{R_{32}}{R_3+R_{31}}=-0.086$,斜率为 $+20$ dB/dec。仿真结果如图 2-4-15 所示。

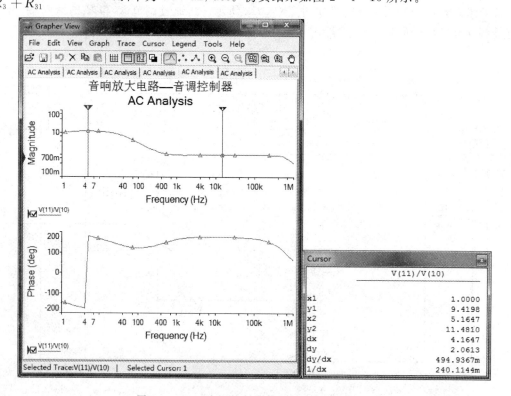

图 2-4-14　音调控制器低频提升仿真电路

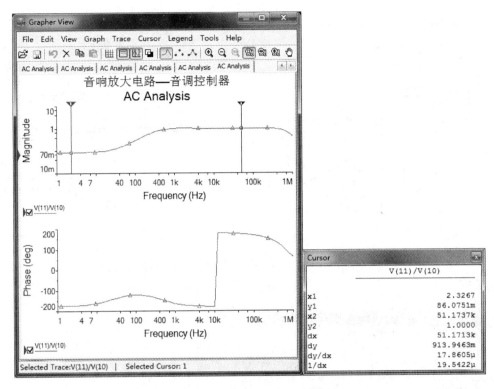

图 2-4-15　音调控制器低频衰减仿真电路

②高频提升和衰减。若输入信号在高频区，C_{31}、C_{32} 短路，则 R_{31}、R_{32} 和 R_{33} 呈星形接法，如图 2-4-16(a)所示。为方便计算将其等效为三角形接法，如图 2-4-16(b)所示。其中，$R_a = R_b = R_c = 3 R_{31} = 3 R_{32} = 3 R_{33} = 141$ kΩ。

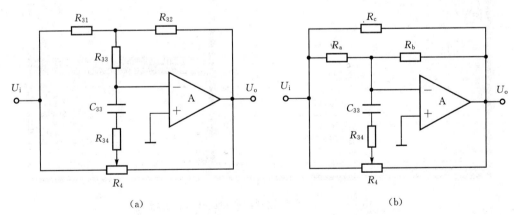

(a)　　　　　　　　　　　　　　　　(b)

图 2-4-16　高频区音调控制器星三角等效变换电路
(a)星形接法；(b)三角形接法

将 R_4 的滑动端滑至最左端，可得高频提升等效电路，如图 2-4-17(a)所示；将滑动端滑至最右端，可得高频衰减等效电路，如图 2-4-17(b)所示。图 2-4-17(a)为一阶高通滤波电路，分析可知，放大倍数提升 $\dot{A}_u = -\dfrac{R_b}{R_a \parallel R_{34}} = -15.1$，斜率为 +20 dB/dec，仿真结果如图

2-4-18 所示。图 2-4-17(b)的放大倍数衰减 $\dot{A}_u = -\dfrac{R_b \parallel R_{34}}{R_a} = -0.066$，斜率为 -20 dB/

dec。仿真结果如图 2-4-19 所示。

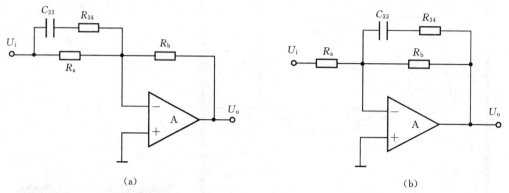

图 2-4-17　高频区音调控制器等效电路

(a)高频提升；(b)高频衰减

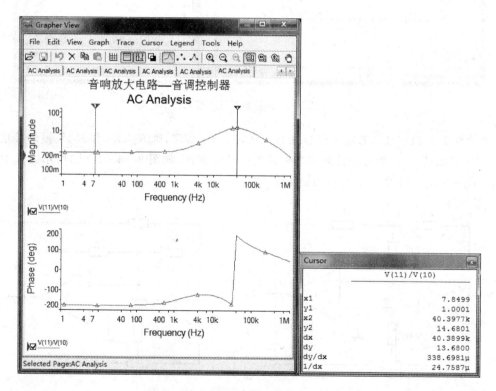

图 2-4-18　音调控制器高频提升仿真电路

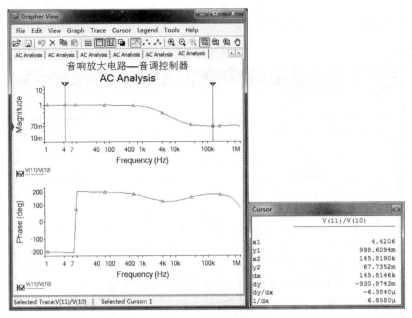

图 2 - 4 - 19 音调控制器高频衰减仿真电路

（4）功率放大器的设计

本设计采用的集成功放 TDA2030 的典型应用电路如图 2 - 4 - 20 所示。图中的扬声器的选择路径为：Multisim 的虚拟仪器工具栏→LabVIEW Instrument 按钮→在出现的工具栏中找到 Speaker 即为扬声器。电路连接好之后，可以双击图标，在跳出的窗口中单击"Play Sound"，驱动声卡发声。

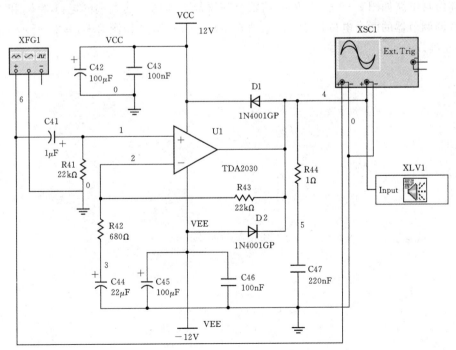

图 2 - 4 - 20 集成功放 TDA2030 典型应用电路

由图可知,该电路的电压放大倍数 $\dot{A}_u = 1 + \dfrac{R_{43}}{R_{42}} = 33.35$,输出端仿真波形如图 2 - 4 - 21 所示,结果正确。

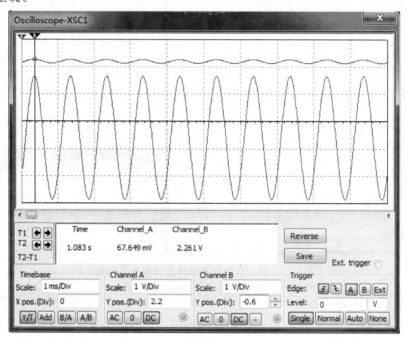

图 2 - 4 - 21　功率放大器输入输出电压波形

（5）系统仿真

整体仿真电路如图 2 - 4 - 22 所示,将混合前置放大器两个输入端的电位器 R_1 和 R_2 滑至 100%,音调调节器的两个电位器 R_3 和 R_4 滑至 50%,仿真结果如图 2 - 4 - 23 所示。仿真波形、结果正确。

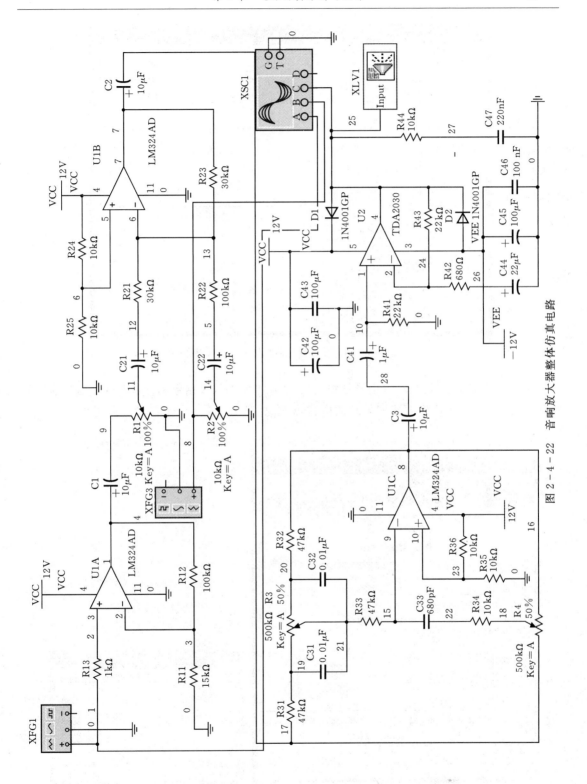

图 2 - 4 - 22　音响放大器整体仿真电路

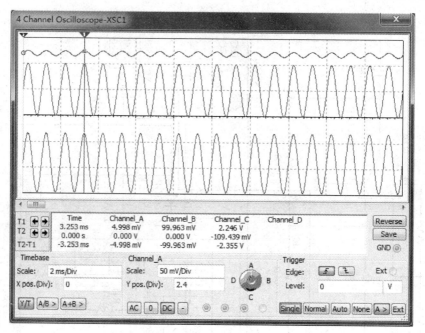

图 2-4-23　音响放大器整体电路仿真波形

　　也可以让话筒信号和 MP3 信号分别输入,测试电路的放大倍数和频带宽度。话筒信号单独作用时,将混合前置放大器输入端的电位器 R_1 滑至 100%,R_2 滑至 0%,可得放大倍数为 255.4226,与理论计算值 $A_u = 7.66 \times 33.35 = 255.461$ 近似,如图 2-4-24 所示。

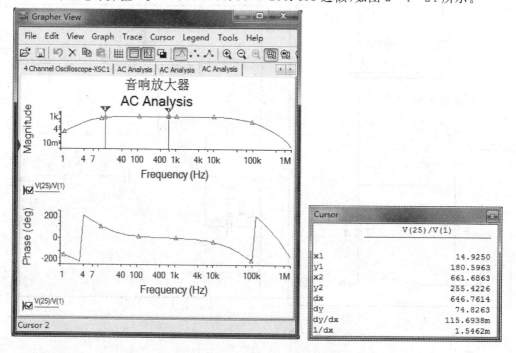

图 2-4-24　话筒信号单独作用时的仿真波形

MP3 信号单独作用时,将混合前置放大器输入端的电位器 R_1 滑至 0%,R_2 滑至 100%。可得放大倍数为 9.9987,与理论计算值 $\dot{A}_u = 0.3 \times 33.35 = 10.005$ 近似,如图 2-4-25 所示。输出频带范围相同,约为 15 Hz~27 kHz。

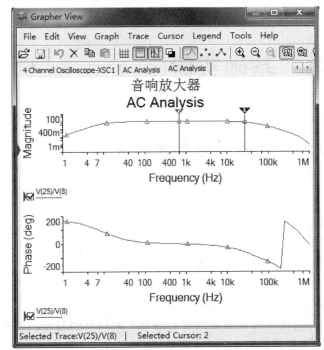
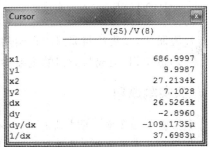

图 2-4-25　MP3 信号单独作用时的仿真波形

5. 移植复现

①根据音响放大器系统仿真电路给出的数据搭建电路;其中,功率放大模块可直接选用成品,其他电路按模块在万用板上焊接;

②分模块对电路功能进行调试,并认真记录调试中所出现的问题,重点分析出现问题的原因和解决问题的方法;

③将调试好的各模块连接起来进行整机调试,进一步完善电路参数,达到较满意的效果。

6. 报告要求

①写出较完整的设计报告;

②记录调试中所遇到的问题并分析其原因;

③写出心得体会。

7. 验收形式

①实际试听,调整电位器输出音质较好的话音和音乐。

②由任课教师现场打分,确定优、良、中、合格和不通过;

③完成设计中,有创新者另外加分。

第二篇 数字电子技术

第3章 基础实验

实验1 TTL集成逻辑门的参数测试

一、实验目的

1. 验证 TTL 集成与非门的逻辑功能；
2. 熟悉 TTL 集成与非门的主要参数、外特性及测试方法。

二、实验原理

本实验采用 2 输入四与非门 74LS00,它在一片集成块内含有四个互相独立的与非门,每个与非门有两个输入端。74LS00 逻辑引脚框图如图 3-1-1 所示。

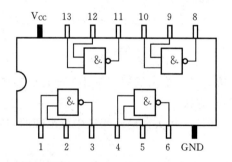

图 3-1-1   74LS00 的逻辑引脚框图

1. TTL 与非门的主要参数

(1)输出低电平时的电源电流 I_{CCL} 与输出高电平时的电源电流 I_{CCH}

与非门在不同的工作状态,电源提供的电流是不同的。I_{CCL} 是指输入端空载即所有输入端全部悬空(与非门导通)时,电源提供给器件的电流。I_{CCH} 是指输出端空载,输入端至少有一个接地,其余输入端可悬空时的电源电流。

通常逻辑电路在组成系统时,导通和截止出现的概率几乎是各占 50%,所以在估算电源电流 I_{CC} 时,一般取 $I_{CC} = \dfrac{I_{CCL} + I_{CCH}}{2}$,则功耗 $P_{CC} = I_{CC} V_{CC}$。

(2) 低电平输入电流 I_{IL} 与高电平输入电流 I_{IH}

I_{IL}是指被测输入端接低电平，其余输入端悬空时，由被测输入端流出的电流，手册中给出它的最大值为 1.6 mA。在多级门电路中它相当于前级门输出低电平时，后级向前级门灌入的电流，通常称为灌电流。

I_{IH}是指被测输入端接高电平，流入被测输入端的电流，手册中给出它的最大值为 40 μA。在多级门电路中它相当于前级门输出高电平时，流入后级门的电流，称为拉电流。

（3）扇出系数 N

扇出系数 N 是指一个门电路的输出能同时驱动同类门的个数，是衡量门电路负载能力的一个参数，由于 $I_{\text{IH}} \ll I_{\text{IL}}$，所以 $N = N_{\text{L}} = I_{\text{OLmax}}/I_{\text{IS}}$（去尾取整）。一般手册中给出的 $N \leqslant 8$，则用户在使用时不能超过 8，这样的操作有利于器件的调换。

（4）电压传输特性

门电路的输出电压 U_{O} 随输入电压 U_{I} 变化的曲线称为电压传输特性，与非门的实际电压传输特性如图 3-1-2 所示。通过它可得到：输出高电平 U_{OH}、输出低电平 U_{OL}、关门电平 U_{off}、开门电平 U_{on}、阈值电平 U_{TH} 及抗干扰噪声容限 U_{NL}、U_{NH} 等。

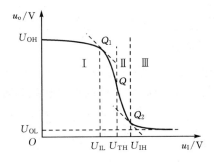

图 3-1-2　与非门的电压传输特性曲线

电压传输特性的测试方法很多，最简单的方法是逐点测试法。本实验采用该方法。

＊（5）平均传输延迟时间 t_{pd}

t_{pd} 是衡量门电路开关速度的参数，是指输出波形边沿 $0.5U_{\text{m}}$ 点相对于输入波形对应边沿 $0.5U_{\text{m}}$ 点的时间延迟。门电路的导通延迟时间为 t_{pdL}，截止延迟时间为 t_{pdH}，则平均延迟时间

$$t_{\text{pd}} = \frac{(t_{\text{pdH}} + t_{\text{pdL}})}{2}。$$

2. TTL 集成门电路使用注意事项

①电源电压使用范围＋4.5～＋5.5 V，实验中要求使用 $V_{\text{CC}} = +5$ V。

②闲置输入端处理方法：

a. 悬空，相当于正逻辑"1"，但悬空易引入外界干扰，一般应直接接 V_{CC}；

b. 与有用的输入端并联。但这样处理增大了输入电容，对频率特性有影响。

③除集电极开路输出器件和三态输出器件外，不允许几个 TTL 器件输出端直接并联使用，否则不仅会使电路逻辑功能混乱，甚至会导致器件损坏。

三、实验设备

DCL-I 型数字电子技术实验箱、万用表。

四、实验内容

1. 验证 TTL 集成与非门 74L00 的逻辑功能

取任一个与非门进行实验,将逻辑开关接入输入端 A、B,输出端接电平指示器即发光二极管。分别测试集成块中的两个门,通过改变逻辑开关的状态观察输出状态的变化,并将测试结果记入表 3 - 1 - 1 中。

表 3 - 1 - 1   74LS00 的逻辑功能验证结果

输入		理论输出	实测输出
A	B	F	F
0	0		
0	1		
1	0		
1	1		

2. 74LS00 的电压传输特性测试

按图 3 - 1 - 3 接线,调节电位器 R_P,使 U_i 从 0 V 向高电平变化,逐点测量 U_i 和 U_o 的对应值,记入表 3 - 1 - 2 中。在实验报告中画出对应的电压传输特性曲线,并从中读出各有关参数值。

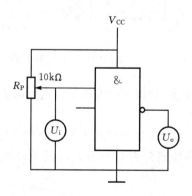

图 3 - 1 - 3   电压传输特性测试接线图

表 3 - 1 - 2   电压传输特性测试表

U_i/V	0	0.2	0.4	0.6	0.8	0.9	1.0	1.2	1.6	2.0	2.4	3.0	3.3	3.5	4.0	4.5
U_o/V																

五、实验报告

1. 实际测试完成后,科学、真实地记录数据,填入实验表格;

2. 比较理论值与实际测试结果的差异,解释产生差异的原因;

3. 记录实验心得。

六、预习报告

1. TTL 逻辑门的主要参数；

2. 与非门的功耗与工作频率和外接负载情况有关吗？为什么？

3. 为什么 TTL 与非门的输入端悬空相当于输入逻辑"1"？

4. TTL 或非门闲置输入端如何处理？

5. 计算表 3−1−1 中的理论输出。

实验 2　加法器、数据选择器和模拟开关

一、实验目的

1. 了解加法器和数据选择器的工作原理及功能；

2. 了解模拟开关、数字开关及两者之间的区别；

3. 熟悉中规模集成全加器及数字选择器的逻辑功能及测试方法；

4. 熟悉中规模器件的简单逻辑功能设计。

二、实验原理

1. 加法器

加法器是一种最基本的组合逻辑电路，它可分为半加器和全加器两大类。由于半加器可以由全加器来替代，所以本实验只介绍全加器。一位全加器的逻辑表达式为

$$S_i = A_i \oplus B_i \oplus C_{i-1} \qquad C_i = (A_i \oplus B_i)C_{i-1} + A_iB_i$$

其中，三个输入端中 A_i 和 B_i 为两个加数，C_{i-1} 为低位来的进位，两个输出端中 S_i 为和，C_i 为向高位的进位。实现它的逻辑电路如图 3−2−1(a)所示，逻辑符号如图 1−2−1(b)所示。

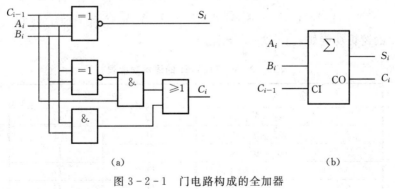

(a)　　　　　　　　　　　　　　　　　　　(b)

图 3−2−1　门电路构成的全加器

(a)逻辑电路图；(b)逻辑符号图

2. 中规模集成全加器 74LS283

本实验选用的中规模集成全加器为 74LS283，它是由超前进位电路构成的快速进位 4 位全加器电路，可实现两个四位二进制的全加。其集成芯片引脚如图 3−2−2 所示。

其中,输入端 A4、A3、A2、A1 和 B4、B3、B2、B1 分别代表两个 4 位加数,C0 为进位信号输入端,∑4、∑3、∑2、∑1 为和输出端,C4 为进位输出。

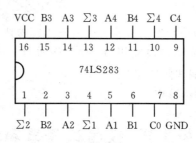

图 3-2-2　74LS283 芯片引脚图

3. 数据选择器 74LS151

数据选择器也称为数字开关,可以用它来实现单输出函数和行波发生器。

本实验选用的中规模数据选择器为 74LS151,它是八选一数据选择器,其集成芯片引脚如图 3-2-3所示。图中 $D_0 \sim D_7$ 为数据输入端,A_2、A_1、A_0 为地址选择端,$\overline{S}$ 为使能端,$Q(\overline{Q})$ 为输出端。

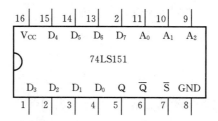

图 3-2-3　74LS151 芯片引脚图

74LS151 的逻辑函数表达式为:

$$Q = \overline{A_2}\,\overline{A_1}\,\overline{A_0}\,D_0 + \overline{A_2}\,\overline{A_1}\,A_0\,D_1 + \overline{A_2}\,A_1\overline{A_0}\,D_2 + \overline{A_2}\,A_1\,A_0\,D_3$$
$$+ A_2\overline{A_1}\,\overline{A_0}\,D_4 + A_2\overline{A_1}\,A_0\,D_5 + A_2\,A_1\overline{A_0}\,D_6 + A_2\,A_1\,A_0\,D_7$$

74LS151 的逻辑功能如表 3-2-1所示。

表 3-2-1　74LS151 的逻辑功能表

输　　入				输　　出	
$\overline{S}$	A_2	A_1	A_0	Q	$\overline{Q}$
1	×	×	×	0	1
0	0	0	0	D_0	$\overline{D_0}$
0	0	0	1	D_1	$\overline{D_1}$
0	0	1	0	D_2	$\overline{D_2}$
0	0	1	1	D_3	$\overline{D_3}$
0	1	0	0	D_4	$\overline{D_4}$
0	1	0	1	D_5	$\overline{D_5}$
0	1	1	0	D_6	$\overline{D_6}$
0	1	1	1	D_7	$\overline{D_7}$

4. 模拟开关

模拟开关是一种可传输模拟信号的可控开关,它的原理及逻辑符号如图 3-2-4 所示。图中的 MOS 管都是增强型的,PMOS 管的漏、源极和 NMOS 管的漏、源极分别并联构成传输门的输入端和输出端。由于它们的源极(s)和漏极(d)可以互换,因此传输门是双向的。这种开关既能传输模拟信号,也能传输数字信号。

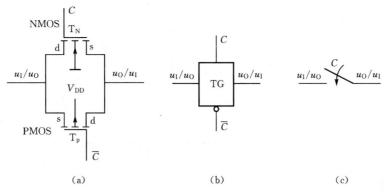

图 3-2-4　CMOS 传输门

(a)原理图;(b)符号;(c)等效图

本实验采用模拟开关 CD4051,其功能引脚如图 3-2-5 所示。它相当于一个单刀八掷开关,其中,引脚 1、2、4、5、12、13、14、15 分别为 8 个通道输入/输出端;引脚 9、10、11 为三个二进制通道选择端 C、B、A,由输入的 3 位地址码来决定开关接通哪一通道到输出端;引脚 3 为公共输出/输入端;引脚 6 为通道禁止端 INH,当 INH 为高平时,各通道均不接通;引脚 7、16 分别为模拟开关正电源端 VDD 和负电源端 VEE;引脚 8 为接地端 VSS。

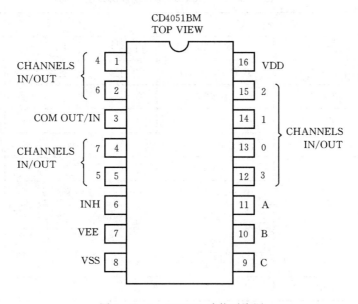

图 3-2-5　CD4051 功能引脚图

注:VEE 可以在电平位移时使用,从而使得通常在单组电源供电条件下工作的 CMOS 电

路所提供的数字信号能直接控制这种多路开关。例如,若模拟开关的供电电源 VDD＝＋5 V,VSS＝0 V,当 VEE＝－5 V 时,只要对此模拟开关施加 0～5 V 的数字控制信号,就可控制幅度范围为－5～＋5 V 的模拟信号。这些开关电路在整个 VDD～VSS 和 VDD～VEE 电源电压范围内具有极低的静态功耗,与控制信号的逻辑状态无关。CD4051 的功能表见表 3－2－2。

表 3－2－2　CD4051 功能表

输入	通道禁止	INH	0	0	0	0	0	0	0	0	1
	通道选择	C	0	1	0	1	0	1	0	1	$\times$
		B	0	0	1	1	0	0	1	1	$\times$
		A	0	0	0	0	1	1	1	1	$\times$
输　出		OUT	0	1	2	3	4	5	6	7	NONE

三、实验设备

DCL－Ⅰ型数字电子技术实验箱、示波器、信号源。

四、实验内容

1. 集成全加器 74LS283 逻辑功能测试

输入端接数据开关,输出端接电平指示器,按表 3－2－3 改变输入端状态,测试全加器的逻辑功能,将结果记入表中对应的位置。

表 3－2－3　74LS283 逻辑功能测试表

输　入			输　出				
加数	被加数	进位	和				进位
$A_4 A_3 A_2 A_1 (B)$	$B_4 B_3 B_2 B_1 (B)$	$C0$	$\sum 4$	$\sum 3$	$\sum 2$	$\sum 1(B)$	$C4$
0000	0000	0					
0001	0010	0					
0001	0010	1					
0011	0100	0					
0011	0100	1					
0101	0110	0					
0101	1000	1					
0010	1101	0					
0010	1101	1					

2. 用两片 74LS283 构成一个 8 位加法器

用两个 4 位加法器构成一个 8 位加法器的电路如图 3－2－6 所示。即将低位的进位输出和高位的进位输入相连,并把低位的进位输入接地即可,连接该电路并将结果计入表3-2-4中。

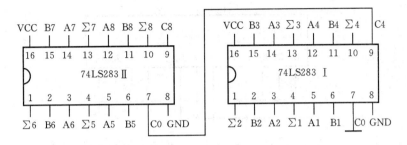

图 3-2-6　8位加法器电路原理图

表 3-2-4　8位加法器电路测试表

输入		输出	
加数	被加数	和	进位
$A_8 A_7 A_6 A_5 A_4 A_3 A_2 A_1$	$B_8 B_7 B_6 B_5 B_4 B_3 B_2 B_1$	$\Sigma_8 \Sigma_7 \Sigma_6 \Sigma_5 \Sigma_4 \Sigma_3 \Sigma_2 \Sigma_1$	C_4
00000000	00000000		
00000010	00001001		
00101010	00111000		
10110100	01110010		
00110100	01010110		
01011000	00101101		

3. 测试八选一数据选择器 74LS151 的逻辑功能

按表 3-2-1 逐项对 74LS151 进行功能验证。

4. 用 74LS151 实现三人表决逻辑电路

设三人分别用手动电平开关控制逻辑输入 A、B、C,其中,同意表决通过时键盘输入高电平;当 2 人或 3 人表决通过时,输出逻辑 $F=1$,本实验仅设计逻辑电路控制。

三人表决电路的逻辑函数表达式为

$$F = AB + BC + CA$$

F 的最小项表达式为

$$F = \overline{A}BC + A\overline{B}C + AB\overline{C} + ABC$$

先将函数 F 的输入变量 A、B、C 加到八选一的地址端 A_2、A_1、A_0,再将上述最小项表达式与八选一逻辑表达式进行比较,不难得出连线图,即

$$D_0 = D_1 = D_2 = D_4 = 0 \quad 和 \quad D_3 = D_5 = D_6 = D_7 = 1$$

则可得到用 74LS151 实现三人表决电路的逻辑图如图 3-2-7 所示。

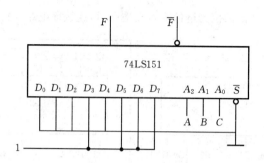

图 3 - 2 - 7　74LS151 实现三人表决电路逻辑图

按图 3 - 2 - 7 接线并测试逻辑功能,将结果填入表 3 - 2 - 5 中。

表 3 - 2 - 5　三人表决电路测试表

A	B	C	F
0	0	0	
0	0	1	
0	1	0	
0	1	1	
1	0	0	
1	0	1	
1	1	0	
1	1	1	

5. 模拟开关与数字开关实验

由信号发生器产生标准的正弦波和矩形脉冲,分别将它们输入 CD4051 的 0 通道和 74LS151 的 D_0 数据输入端,通过示波器观察它们对应的输出波形。记录、比较两种开关的输出波形并得出结论。

注意:① 由信号发生器产生的波形需通过平移变成幅值为 0～5 V 的信号才能送入 74LS151。

② CD4051 按 VDD＝5 V,VSS＝VEE＝0 V 和 VDD＝5 V,VEE＝－5 V,VSS＝0 V 进行接线。

五、实验报告

1. 实际测试完成后,科学、真实地记录数据,填入实验内容给出的表格,总结相关器件的逻辑功能;

2. 比较理论值与实际测试结果的差异,解释产生差异的原因;

3. 记录实验心得。

六、预习报告

1. 画出模拟开关和数字开关实验接线图,并分析它们的区别;

2．计算相关实验表格的理论值，没有表格的自行设计；

3．画出用 74LS151 实现 $F = A\overline{B} + \overline{A}B$ 的电路图。

实验 3　译码器和编码器

一、实验目的

1．熟悉译码器和编码器的工作原理；

2．掌握集成键盘编码器的应用设计；

3．掌握七段译码器驱动数码管 LED 显示的应用设计。

二、实验原理

1．编码器

将二进制数码 0 或 1 按一定规则组成代码，表示一个特定对象的过程叫做二进制编码。编码器可分为普通编码器（二进制编码器）、BCD 编码器和优先编码器等。优先编码器广泛应用于计算机系统的中断请求、键盘编码和数字控制的排队逻辑电路中。

优先编码器 74LS147 的逻辑符号和引脚排列如图 3-3-1 所示。从图中可知，此编码器的输入端和输出端均为低电平有效。输入为 9 个低电平有效信号 $\overline{I}_1 \sim \overline{I}_9$，输出为 4 个反向输出信号 $\overline{A}_3 \sim \overline{A}_0$，允许同时有几个输入端送入有效编码信号。但 $\overline{I}_9$ 优先权最高，$\overline{I}_8$ 次之，依次类推，$\overline{I}_1$ 的优先权最低。当所有输入端都为 1 时，相当于 $\overline{I}_0 = 0$，对 $\overline{I}_0$ 进行编码，输出其反码形式为 $\overline{A}_3 \sim \overline{A}_0 = 1111$。

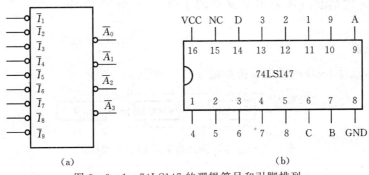

图 3-3-1　74LS147 的逻辑符号和引脚排列

(a)逻辑符号；(b)引脚排列

若将 9 个按键分别接入 74LS147 的 9 个输入端，当有一个或多个键被按下时，输出端只对优先级最高的那个进行编码，这就构成了简单的键盘编码器。（参考《数字电子技术基础》）

2．译码器

译码是编码的逆过程，译码器就是将输入的每组二进制代码翻译成对应的特定信息，并通过高、低电平的形式输出。常用的译码器有普通译码器（二进制译码器）、BCD-十进制译码器和数字显示译码器。

本实验选用 74LS138 译码器,它的逻辑引脚排列如图 3-3-2 所示。

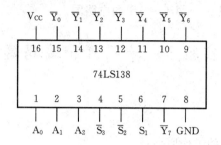

图 3-3-2　74LS138 的逻辑引脚图

译码器有两个重要的应用,一是能实现多输出函数,二是可以作为地址译码,在数字系统的设计中,这个应用非常广泛。译码器将 A_0、A_1、A_2 输入的三位地址"翻译"成 8 个输出信号。

3. LED(Light Emitting Diode)显示器(七段数码管)

LED 显示器的结构包括由发光二极管构成的 a、b、c、d、e、f 和 g 七段,如图 3-3-3 所示。实际上每个 LED 还有一个发光段 dp,一般用于表示小数点,所以也有少数的资料将 LED 称为八段数码管。

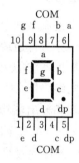

LED 的发光二极管有共阴极接法和共阳极接法两种,即将 LED 内部所有二极管阴极或阳极接在一起通过 COM 引脚引出,并将每一发光段的另一端分别引出到对应的引脚。使用时要根据 LED 内部的不同接法选择不同的驱动芯片。本实验中采用七段共阳极数码管 TFK-433。

图 3-3-3　LED 结构图

当 LED 显示器用于显示十进制数字时,必须将数字转换为 LED 对应七段码的信息。常采用带驱动的 LED 七段译码器,如 74LS47 芯片。

4. 七段译码器

七段译码器驱动 LED 的原理框图如图 3-3-4 所示。

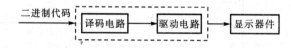

图 3-3-4　七段译码器驱动 LED 原理框图

七段译码器内部一般包含了 LED 的驱动电路,当驱动共阳极 LED 的译码器时,由于输出低电平对应段被点亮,驱动电流属于灌电流性质,一般较大,通常在两者之间要加限流电阻,应根据 LED 的参数估算限流电阻的大小;当驱动共阴极 LED 时,可以在两者之间加适当的上拉电阻。

本实验中采用 74LS47 七段驱动器。74LS47 的引脚符号图见图 3-3-5。从图中可知,此译码器有 4 个译码输入端 A_0、A_1、A_2、A_3,有 7 个反向输出端 $\overline{a} \sim \overline{g}$,另外的三端 $\overline{LT}$、$\overline{BI}/\overline{RBO}$、$\overline{RBI}$ 为低电平有效的控制端。

控制 LED 显示器发光的方式有静态方式和动态扫描方式两种。采用静态方式 LED 亮度高,但功耗大;动态扫描方式即多个发光管轮流交替点亮,这种方式是利用人眼的滞留现象,只要在 1 秒内一个发光管亮 24 次以上,每次点亮时间维持 2 ms 以上,则人眼感觉不到闪烁,宏观上仍可看到多位 LED 同时显示的效果。

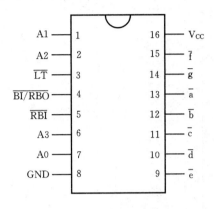

图 3-3-5　74LS47 的引脚符号图

三、实验设备

DCL-I 型数字电子技术实验箱。

四、实验内容

①验证 74LS147 的逻辑功能,将结果记录在表 3-3-1 中。

表 3-3-1　74LS147 的逻辑功能验证表

$\overline{I}_1$	$\overline{I}_2$	$\overline{I}_3$	$\overline{I}_4$	$\overline{I}_5$	$\overline{I}_6$	$\overline{I}_7$	$\overline{I}_8$	$\overline{I}_9$	$\overline{A}_0$	$\overline{A}_1$	$\overline{A}_2$	$\overline{A}_3$
×	×	×	×	×	×	×	×	0				
×	×	×	×	×	×	×	0	1				
×	×	×	×	×	×	0	1	1				
×	×	×	×	×	0	1	1	1				
×	×	×	×	0	1	1	1	1				
×	×	×	0	1	1	1	1	1				
×	×	0	1	1	1	1	1	1				
×	0	1	1	1	1	1	1	1				
0	1	1	1	1	1	1	1	1				
1	1	1	1	1	1	1	1	1				

②验证 74LS138 的逻辑功能,将结果记录在表 3-3-2 中。

表 3 - 3 - 2   74LS138 的逻辑功能验证表

控制输入		译码输入			输出							
ST_A	$\overline{ST_B}+\overline{ST_C}$	A_2	A_1	A_0	$\overline{Y_0}$	$\overline{Y_1}$	$\overline{Y_2}$	$\overline{Y_3}$	$\overline{Y_4}$	$\overline{Y_5}$	$\overline{Y_6}$	$\overline{Y_7}$
×	1	×	×	×								
0	×	×	×	×								
1	0	0	0	0								
1	0	0	0	1								
1	0	0	1	0								
1	0	0	1	1								
1	0	1	0	0								
1	0	1	0	1								
1	0	1	1	0								
1	0	1	1	1								

③用 74LS138 译码器实现三人表决逻辑电路。

三人表决电路的逻辑函数为 $L = AB + BC + AC$,将逻辑函数转换成最小项和的形式,再转换成与非形式

$$L = \overline{A}BC + A\overline{B}C + AB\overline{C} + ABC$$
$$= \overline{\overline{m_3}\;\overline{m_5}\;\overline{m_6}\;\overline{m_7}}$$
$$= \overline{\overline{Y_3}\;\overline{Y_5}\;\overline{Y_6}\;\overline{Y_7}}$$

用一片 74LS138 加一个与非门就可实现逻辑函数 L ,逻辑电路图如图 3 - 3 - 6 所示。

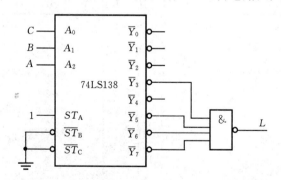

图 3 - 3 - 6   利用 74LS138 实现三人表决电路图

按图 3 - 3 - 7 画出接线图并测试逻辑功能,将结果填入表 3 - 3 - 3 中。

表 3 - 3 - 3   三人表决电路实验数据记录表

A	B	C	F
0	0	0	
0	0	1	

A	B	C	F
0	1	0	
0	1	1	
1	0	0	
1	0	1	
1	1	0	
1	1	1	

4. 七段译码器 74LS47 和 LED 显示器

画出 TFK - 433 和 74LS47 的接线图,验证功能并将结果记入表 3 - 3 - 4 中。

表 3 - 3 - 4　七段译码器 74LS47 和 LED 显示器功能验证表

输入 74LS47				输出 TFK - 433
$\overline{LT}$	$\overline{RBI}$	$\overline{BI}/\overline{RBO}$	$A_3 A_2 A_1 A_0$	
1	1	1	0001	
1	1	1	0010	
1	1	1	0011	
1	1	1	0100	
1	1	1	0101	
1	1	1	0110	
1	1	1	0111	
1	1	1	1000	
1	1	1	1001	
1	1	1	0000	
1	0	0	0000	
0	1	1	××××	
×	×	0	××××	

五、实验报告

1. 在测试中,真实地记录数据并填入实验内容给出的表格,总结相关器件的逻辑功能;

2. 比较理论值与实际测试结果的差异,解释产生差异的原因;

3. 记录实验心得。

六、预习报告

1. 查找七段共阳极数码管 TFK - 433 的详细资料,给出管脚图;

2. 画出 74LS47 和 TFK-433 的接线图；

3. 计算各实验数据表格的理论值。

实验 4　触发器实验

一、实验目的

1. 掌握基本 $\overline{R}\,\overline{S}$ 触发器与逻辑开关的原理及应用；

2. 掌握同步 D 触发器与数据锁存器的原理及应用；

3. 熟悉边沿触发器：$JKFF$、DFF、TFF、$T'FF$ 的功能。

二、实验原理

触发器是具有记忆功能的二进制信息存储器件，是时序逻辑电路的基本单元之一。触发器按逻辑功能可分为 RS、JK、D、T 触发器；按电路触发方式可分为电平型触发器和边沿型触发器两大类。

1. 基本 $\overline{R}\,\overline{S}$ 触发器

图 3-4-1 所示电路为由两个与非门交叉耦合而成的基本 $\overline{R}\,\overline{S}$ 触发器，状态转换功能的简单记忆方法是：Q 的状态按照 $\overline{R}\,\overline{S}$ 状态 11 不变、00 不定、其余随 $\overline{R}$ 记，其中 00 不定状态禁止使用。其本 $\overline{R}\,\overline{S}$ 触发器的典型应用是构成逻辑开关。

图 3-4-1　两个与非门构成的基本 $\overline{R}\,\overline{S}$ 触发器

2. 数据锁存器

令同步 RS 触发器的两个输入端 $S=\overline{R}=D$，就转换为一个同步 D 触发器，如图 3-4-2 所示。习惯上也称为数据锁存器，可同步锁存一位数据即将 D 输入的状态锁存到输出 Q 中，在 CP 的上升沿同步锁存，下降沿后保持。这里必须注意，CP 在高电平期间，数据 D 的状态不能变化，所以它不能构成计数器。

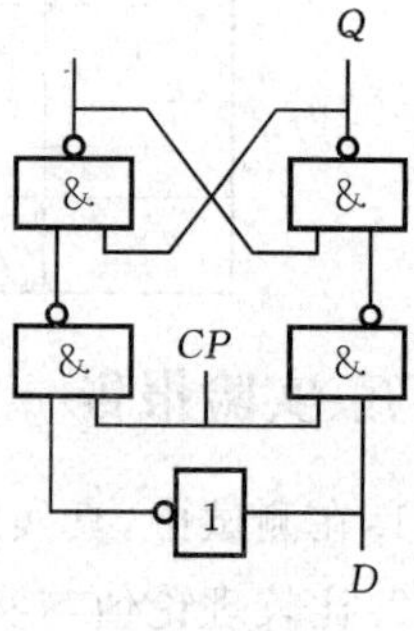

本实验采用 74HC573 的 8D 锁存器，引脚排列和逻辑符号如图 3-4-3 所示。图中，引脚 11 为锁存控制端，高电平时数据输入有效，低电平锁存；$D_0 \sim D_7$ 为数据输入端；引脚 1 为允许输出端，低电平有效；$Q_0 \sim Q_7$ 为数据输出端。

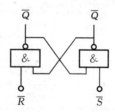

图 3-4-2　一位数据锁存器

74HC573 8D 锁存器的典型应用电路如图 3-4-4 所示，将 8 位数据总线 DB 与锁存器的

数据输入端相连,LE 端接入一个正脉冲,实现在锁存的高电平期间存入数据,下降沿后锁存。OE 端接低电平表示输出数据直通,也可以采用负脉冲选通的方式输出数据。

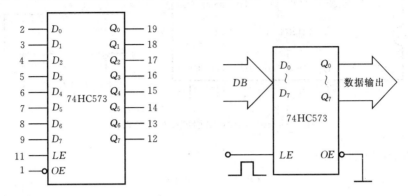

图 3 - 4 - 3　74HC573 的逻辑图　　　　　　图 3 - 4 - 4　8D 锁存器的应用电路

3. 维阻 D 触发器

维阻 D 触发器是在 CP 上升沿同步的边沿触发器,主要应用是构成计数器,它的状态转换功能的记忆是最简单的,即 Q 的状态总是同初态 D 一样。它的状态方程为

$$Q^{n+1} = D$$

若把 D 触发器的 $\overline{Q}$ 端和 D 端相连便构成了一位二进制计数器。

本实验采用 74LS74 型双 D 触发器,是上升沿触发的边沿触发器,引脚排列和逻辑符号如图 3 - 4 - 5 所示。

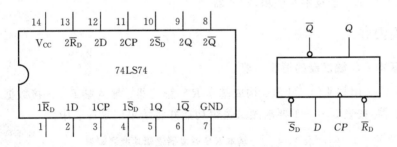

图 3 - 4 - 5　74LS74 引脚排列和逻辑符号

4. 边沿 JK 触发器

JK 触发器可分为主从型 JK 触发器和边沿型 JK 触发器,由于主从型 JK 触发器存在一次变化问题,所以目前在产品中,几乎全部是边沿型 JK 触发器。

本实验采用 74LS112 型双 JK 触发器,是下降边沿触发的边沿触发器,引脚排列和逻辑符号如图 3 - 4 - 6 所示。它的状态转换功能的简单记忆方法是:在 CP 下降沿作用下,Q 的状态按照初态 $JK = 00$ 不变、11 计数、其余同 J 的状态记。它克服了空翻问题,可以构成计数器。

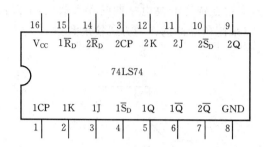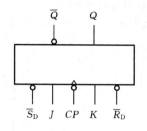

图 3-4-6　74LS112 引脚排列和逻辑符号

JK 触发器的状态方程为

$$Q^{n+1}=J\,\overline{Q^n}+\overline{K}Q^n$$

5. T 触发器和 T' 触发器

把 JK 触发器的 J、K 端连在一起(称为 T 端)构成 T 触发器,状态方程为

$$Q^{n+1}=\overline{T}Q^n+T\,\overline{Q^n}$$

在 CP 脉冲作用下,当 $T=0$ 时 $Q^{n+1}=Q^n$；$T=1$ 时, $Q^{n+1}=\overline{Q^n}$。

若给 T 端接固定的高电平 1,得到的触发器称为 T' 触发器,即每来一个 CP 脉冲,触发器便翻转一次。

三、实验设备

DCL-I 型数字电子技术实验箱、示波器。

四、实验内容

1. 测试基本 $\overline{R}\,\overline{S}$ 触发器的逻辑功能

按图 3-4-1 用与非门 74LS00 构成基本 $\overline{R}\,\overline{S}$ 触发器。输入端 $\overline{R}$、$\overline{S}$ 接数据开关,输出端 Q 接电平指示器,按表 3-4-1 要求测试逻辑功能并将结果记录在表中。

表 3-4-1　基本 $\overline{R}\,\overline{S}$ 触发器逻辑功能测试表

$\overline{R}$	$\overline{S}$	Q	功能描述
0	0		
0	1		
1	0		
1	1		

2. 电平开关和逻辑开关实验

电平开关是指硬件开关动作后,能产生高电平或低电平输出,但在开关动作过程中会出现电平抖动现象。逻辑开关是能有效防抖动的开关,它是在电平开关后接入基本 $\overline{R}\,\overline{S}$ 触发器构成的,如图 3-4-7 所示。搭建电路,并用示波器观察 $\overline{R}$、$\overline{S}$ 和 Q、$\overline{Q}$ 的波形,在表 3-4-2 中记录结果验证之。

表 3 - 4 - 2　电平开关和逻辑开关测试表

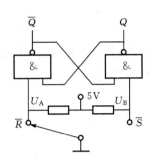

端子	状态
$\overline{R}$	
$\overline{S}$	
Q	
$\overline{Q}$	

图 3 - 4 - 7　逻辑开关电路图

3. 测试数据锁存器 74HC573 的逻辑功能

按图 3 - 4 - 4 接线,对 74HC573 进行功能测试,自行设计表格记录实验结果。

4. 测试双 D 触发器 74LS74 的逻辑功能

按表 3 - 4 - 3 要求进行测试,令直接清"0"端 $\overline{R_D}$ 和直接置"1"端 $\overline{S_D}$ 为高电平状态,观察触发器状态的翻转发生在 CP 脉冲的哪个边沿,并记录之。

表 3 - 4 - 3　维阻 D 触发器的逻辑功能测试表

CP	D	Q^n	Q^{n+1}	说明
0	$\times$	0		
0	$\times$	1		
$\uparrow$	0	0		
$\uparrow$	0	1		
$\uparrow$	1	0		
$\uparrow$	1	1		

5. 测试双 JK 触发器 74LS112 的逻辑功能

令直接清"0"端 $\overline{R_D}$ 和直接置"1"端 $\overline{S_D}$ 为高电平状态,测试 JK 触发器的逻辑功能,按表 3 - 4 - 4 要求改变 J、K、CP 端状态,观察 Q 状态的变化,并记录之。

表 3 - 4 - 4　JK 触发器逻辑功能测试表

CP	J	K	Q^n	Q^{n+1}	说　明
0	$\times$	$\times$	0		
0	$\times$	$\times$	1		
$\downarrow$	0	0	0		
$\downarrow$	0	0	1		
$\downarrow$	0	1	0		
$\downarrow$	0	1	1		
$\downarrow$	1	0	0		
$\downarrow$	1	0	1		
$\downarrow$	1	1	0		
$\downarrow$	1	1	1		

五、实验报告

1. 在测试中,真实地记录数据并填入实验内容给出的表格,总结相关器件的逻辑功能;
2. 比较理论值与实际测试结果的差异,解释产生差异的原因;
3. 记录实验心得。

六、预习报告

1. 计算各实验内容中相关表格的理论值;
2. JK 触发器和 D 触发器在实现正常逻辑功能时,$\overline{R_D}$、$\overline{S_D}$ 应处于什么状态?
3. 如何构成防抖动开关?
4. 画出 JK 触发器作为 T' 触发器时 CP 端和 Q 端的波形图。

实验 5 NE555 定时器

一、实验目的

1. 了解集成定时器 NE555 的电路结构和引脚功能;
2. 熟悉集成定时器的典型应用,即单稳态触发器、施密特触发器、多谐振荡器;
3. 了解集成单稳态触发器 74LS121 的工作特性,掌握它的正确使用方法和实际应用。

二、实验原理

NE555 定时器常用于脉冲波形的产生、整形和延时等,典型应用是构成施密特触发器、单稳态触发器和多谐振荡器等电路。

1. NE555 定时器工作原理

NE555 定时器内部结构及电路符号引脚如图 3-5-1 所示。

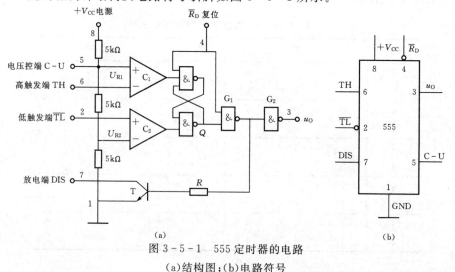

(a)   (b)

图 3-5-1 555 定时器的电路

(a)结构图;(b)电路符号

由图可知,555 定时器的的工作原理为:将 3 个相同电阻组成的分压器的两个分压点电压 U_{R1} $= \dfrac{2}{3}V_{CC}$,$U_{R2} = \dfrac{1}{3}V_{CC}$ 分别和 2 个模拟电压比较器 C_1 和 C_2 的 U_{1-} 和 U_{2+} 端比较(U_{1-} 和 U_{2+} 由外部输入),比较的结果送入基本 $\overline{R}\,\overline{S}$ 触发器的 $\overline{R}$ 和 $\overline{S}$ 端,而触发器的输出即为 555 定时器的输出。

555 定时器的功能如表 $3-5-1$ 所示。

表 $3-5-1$　555 定时器功能表

输入			输出	
高触发 TH	低触发 $\overline{TL}$	复位 $\overline{R}_D$	输出 u_O	放电管 T
$\times$	$\times$	0	低电平	导通
$> \dfrac{2}{3}V_{CC}$	$> \dfrac{1}{3}V_{CC}$	1	低电平	导通
$< \dfrac{2}{3}V_{CC}$	$> \dfrac{1}{3}V_{CC}$	1	保持不变	保持不变
$\times$	$< \dfrac{1}{3}V_{CC}$	1	高电平	截止

2. 施密特触发器

图 $3-5-2$ 为由 555 定时器及外接阻容元件构成的施密特触发器。它的主要应用就是波形变换,脉冲整形和脉冲鉴幅。图 $3-5-3$ 给出了输入正弦波时施密特触发器的输出波形,很显然,它将正弦波变换成了同频率的矩形波。同时从该图可得到施密特触发器的接通电位 $U_{T+} = \dfrac{2}{3}V_{CC}$,断开电位 $U_{T-} = \dfrac{1}{3}V_{CC}$,则

$$\Delta U_T = U_{T+} - U_{T-} = \frac{2}{3}V_{CC} - \frac{1}{3}V_{CC} = \frac{1}{3}V_{CC}$$

ΔU_T 称为回差电压,它反映了电路抗干扰能力的大小。

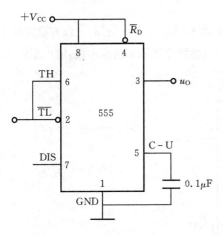
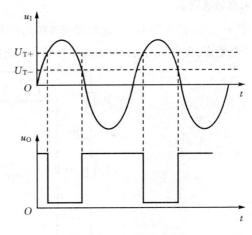

图 $3-5-2$　施密特触发器构成　　　　　　图 $3-5-3$　波形变换图

3. 单稳态触发器

图 $3-5-4$ 为由 555 定时器和外接定时元件 R_T、C_T 构成的单稳态触发器。它有两个状态:一个是稳定状态 0,另一个是暂稳状态 1。当无触发脉冲输入时,单稳态触发器处于稳定状态;当有触发脉冲时,将从稳定状态变为暂稳状态,该暂稳状态在保持一定时间 $t_w = 1.1R_T C_T$

后,能够自动返回到稳定状态,并在输出端产生一个宽度为 t_w 的矩形脉冲。对应的工作波形如图 3-5-5 所示。

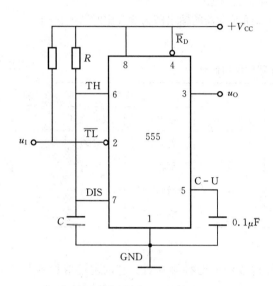

图 3-5-4 单稳态触发器构成

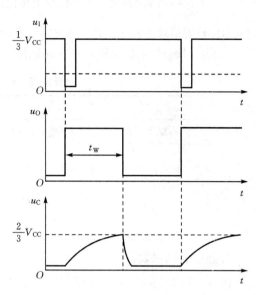

图 3-5-5 单稳态触发器工作波形

需要注意的是:

① t_w 仅与电路本身的参数有关,而与触发脉冲无关。改变 R_T、C_T 可使 t_w 在几个微秒到几十分钟之间变化。C_T 尽可能选得小些,以保证 R_T 很快放电。

② 触发输入必须是窄的负脉冲,其脉冲宽度应小于 t_w,触发脉冲的间隔要大于暂态时间 t_w。

单稳态触发器主要用于对脉冲的定时和延时。

4. 多谐振荡器

图 3-5-6 所示为由 555 定时器和外接元件 R_A、R_B、C 构成的多谐振荡器,它没有稳定状态,只有两个暂稳态,且电路无需外部触发信号能自动交替翻转,使两个暂稳态轮流出现,输出矩形脉冲。

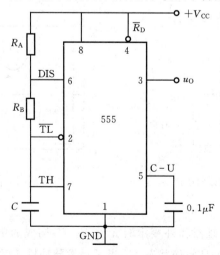

图 3-5-6 多谐振荡器构成

外接电容 C 通过 $R_A + R_B$ 充电,再通过 R_B 放电,这种工作模式中,电容 C 在 $\frac{1}{3}V_{CC}$ 和 $\frac{2}{3}V_{CC}$ 之间充电和放电,其工作波形如图 3-5-7 所示。

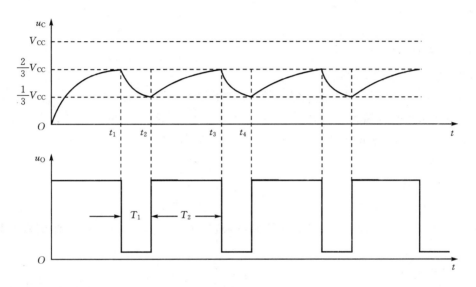

图 3-5-7　多谐振荡器工作波形

充电时间(输出为高态):　　　　$T_1 = 0.693(R_A + R_B)C$

放电时间(输出为低态):　　　　$T_2 = 0.693 R_B C$

周期　:　　　　$T = T_1 + T_2 = 0.693(R_A + 2R_B)C$

5. 集成单稳态触发器

目前使用较多的集成单稳触发器产品有多种,属于 TTL 系列的有 74121、74122、74123 等。使用这些器件时只需要很少的外接元件和连线,而且由于器件内部电路一般还设计了上升沿与下降沿触发的控制和置零等功能,使用时可以任意选取,并有互补输出端 Q(输出正脉冲)和 $\overline{Q}$(输出负脉冲),使用极为方便。

本实验着重介绍 74121,图 3-5-8 所示为 74121 的管脚图,表 3-5-2 为 74121 的功能表。其中,$t_w \approx R_{ext} C_{ext} \ln 2 = 0.69 R_{ext} C_{ext}$。

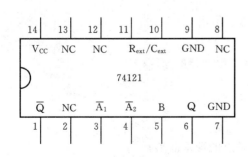

图 3-5-8　集成芯片 74121 管脚图

表 3-5-2　74121 功能表

输入			输出	
$\overline{A_1}$	$\overline{A_2}$	B	Q	$\overline{Q}$
1	↓	1	⊓	⊔
↓	1	1	⊓	⊔
↓	↓	1	⊓	⊔
0	×	↑	⊓	⊔
×	0	↑	⊓	⊔

三、实验设备

DCL－Ⅰ型数字电子技术实验箱、示波器、信号源。

四、实验内容

1. 施密特触发器

按图 3－5－2 连接实验线路。

①输入信号 u_s 由信号源提供，预先调好 u_s 频率为 1 kHz，接通＋V_{CC}（5V）电源后，逐渐加大 u_s 幅度，并用示波器观察 u_s 波形，直至 u_s 峰峰值为 5 V 左右。用示波器观察并记录 u_s 和 u_o 波形，标出 u_o 的幅度、接通电位 U_{T+}、断开电位 U_{T-} 及回差电压 ΔU_T。

②观察电压传输特性。

2. 单稳态触发器

按图 3－5－4 连接实验线路。

C_T 为 0.01 μF，输入端送 1 kHz 连续脉冲，观察并记录 u_i、u_c、u_o 波形，标出幅度与暂稳时间。

3. 多谐振荡器

按图 3－5－6 连接实验线路。

用示波器观察并记录 u_c 和 u_o 波形，标出幅度和周期。

4. 集成单稳触发器

按图 3－5－9 连接实验线路，其中，$R_{ext}=10$ kΩ，$C_{ext}=0.1$ μF。

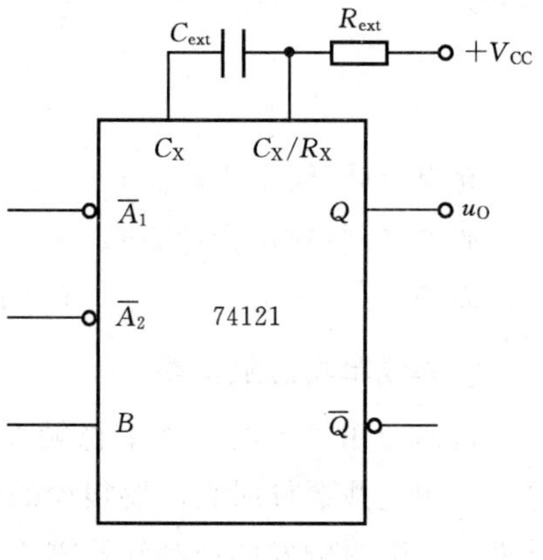

①分别用 A_1、A_2 和 B 端口对触发器进行触发，记录 Q 端的输出状态。

②测量出该触发器暂态时间 t_w 并与理论计算时间进行比较。

③绘制 74LS121 的工作波形。

图 3－5－9　集成单稳触发器实验线路

五、实验报告

1. 在测试中，真实地记录数据并填入实验内容给出的表格，总结相关器件的逻辑功能；

2. 比较理论值与实际测试结果的差异，解释产生差异的原因；

3. 记录实验心得。

六、预习报告

1. 设计实验需要的数据、波形表格，并画出各点的理论波形；

2. 在由 555 触发器构成的单稳电路中，若 $R_T=330$ kΩ，$C_T=4.7$ μF，计算 t_w；

3.由 555 触发器构成的单稳电路的输出脉冲宽度 t_w 大于触发信号的周期将会出现什么现象?

4.多谐振荡器的 t_1、t_2、T 分别是多少?

实验 6 集成计数器应用设计

一、实验目的

1.熟悉中规模集成 4 位二进制计数器的逻辑功能及使用方法;

2.学会用集成计数器构成任意进制计数器的反馈清零法;

3.学会用集成计数器构成任意进制计数器的反馈置数法。

二、实验原理

1. 中规模 4 位二进制计数器 74LS161

74LS161 是同步可预置二进制计数器,具有计数、同步置数、异步清零、禁止等功能。引脚排列如图 1-6-1 所示,功能表见表 1-6-1。

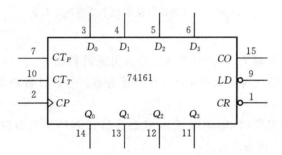

图 1-6-1 74LS161 引脚图

表 1-6-1 74LS161 功能表

CP	$\overline{CR}$	$\overline{LD}$	CT_P	CT_T	工作状态
$\times$	0	$\times$	$\times$	$\times$	异步清零
$\uparrow$	1	0	$\times$	$\times$	同步置数
$\uparrow$	1	1	0	$\times$	保持
$\uparrow$	1	1	$\times$	0	保持
$\uparrow$	1	1	1	1	计数

注:$CO=Q_3Q_2Q_1Q_0CT_T$。当 $Q_3 \sim Q_0$ 均为 1 时,$CO=1$,产生正进位脉冲。

2. 任意进制计数器设计

利用集成计数器构成任意 N 进制计数器的设计方法有反馈清零法和反馈置数法。

(1)反馈清零法

反馈清零法的基本思路为:使计数器从 S_0(0000)开始加法计数到 S_{N-1} 然后再返回到 S_0

重新计数来实现 N 进制,所以问题的关键是如何产生一个清零信号让计数器返回 S_0 状态。这时需要分两种情况:

①当计数器为异步清零时,需利用 S_N 状态进行译码产生清零信号并反馈到异步清零端,使计数器立即返回 S_0 状态。清零信号 S_N 不计算在主循环内,S_N 是过渡态。

②当计数器为同步清零时,直接利用 S_{N-1} 状态进行译码产生清零信号并反馈到同步清零端,要等下一个 CP 来到时,才完成清零动作,使计数器返回 S_0 状态。同步清零没有过渡状态。

图 3-6-2 为利用 74LS161 的清零端 $\overline{CR}$ 的异步清零功能构成十二进制加法计数器的原理图,它的工作过程是:计数器从 S_0(0000)计到(1011)S_{N-1} 共 12 个状态,由于是异步清零,所以需由 S_N(1100)状态产生清零信号并反馈到异步清零端,使计数器返回 S_0 状态。

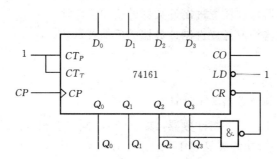

图 3-6-2　反馈清零法构成十二进制计数器

(2)反馈置数法

反馈置数法的基本思路为:使计数器从任意 S_i 开始计数到 S_{i+N-1} 然后再返回到 S_i 重新计数来实现 N 进制,这时问题的关键是如何产生一个置数信号让计数器返回 S_i 状态。同样分两种情况讨论:

①当计数器为异步置数时,需利用 S_{i+N} 状态进行译码产生置数信号并反馈到异步置数端,使计数器立即返回 S_i 状态。

②当计数器为同步置数时,直接利用 S_{i+N-1} 状态进行译码产生清零信号并反馈到同步置数端,要等下一个 CP 来到时,才完成置数,使计数器返回 S_i 状态。

图 3-6-3 为利用 74LS161 的置数端 $\overline{LD}$ 的同步置数功能构成六进制加法计数器的原理图,它的工作过程是:预先在置数输入端输入所需的数,本例为 $D_3 D_2 D_1 D_0 = 0001$。则该计数器从 S_i(0001)状态开始计数,计到 S_{i+N-1}(0110)共六个状态,由于是同步置数,所以置数有效信号从 S_{i+N-1} 状态译出,使计数器立刻返回到初始状态 0001。

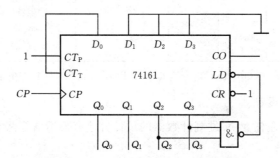

图 3-6-3　反馈置数法构成六进制计数器

3. 计数器的级联设计

用两片 74161 构成一个六十进制加法计数器。实现的方法有两种：

①先将各个计数器用反馈置数法构成十进制和六进制，然后级联。电路图如图 3-6-4 所示。

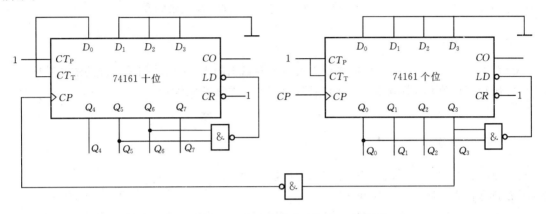

图 3-6-4　六十进制计数器方法一电路图

②先按各个计数器的最大计数状态级联构成 $16 \times 16 = 256$ 进制计数器，再用反馈清零法设计成所需的进制。用清零法设计的电路图如图 3-6-5 所示。

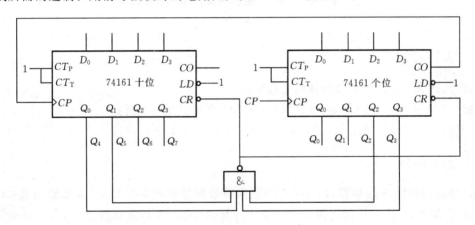

图 3-6-5　六十进制计数器方法二电路图

注意：此处的反馈信号用的是 60 所对应的二进制数，而不是 8421BCD 码。

三、实验设备

DCL-Ⅰ型数字电子技术实验箱。

四、实验内容

(1)测试 74LS161 二进制计数器的逻辑功能

按表 3-6-1 逐项测试 74LS161 的逻辑功能，判断此集成块功能是否正常。

(2)用反馈清零法将 74LS161 构成十二进制加法计数器

按图 3 - 6 - 2 连接实验电路,记录结果。

(3)用反馈置数法将 74LS161 构成六进制加法计数器

按图 3 - 6 - 3 连接实验电路,记录结果。

(4)用两片 74LS161 构成六十进制加法计数器

分别按图 3 - 6 - 4 和 3 - 6 - 5 接线,验证它的正确性,并记录结果。

五、实验报告

1.在测试中,真实地记录数据并填入实验内容给出的表格,总结相关器件的逻辑功能;

2.比较理论值与实际测试结果的差异,解释产生差异的原因;

3.记录实验心得。

六、预习报告

1.拟出实验中所需测试表格,并完成理论值的计算;

2.画出各实验所对应的接线图;

3.分别用反馈清零法和反馈置数法画出用 74LS161 构成七进制加法计数器电路图;

4.用两片 74LS161 构成二十四进制计数器,画出电路连线图。

实验 7　数/模、模/数转换器

一、实验目的

1.深入理解 D/A 和 A/D 转换的工作原理;

2.熟悉 DAC0808、MX7541 和 ADC0809 的性能和主要技术指标;

3.掌握 DAC0808、MX7541 和 ADC0809 的使用方法和典型应用。

二、实验原理

数模转换器(D/A 转换器,简称 DAC)用来将数字量转换成模拟量;模数转换器(A/D 转换器,简称 ADC)可将模拟量转换成数字量。目前 A/D、D/A 转换器较多,本实验选用大规模集成电路 DAC0808、MX7541 和 ADC0809 来分别实现 D/A 转换和 A/D 转换。

1. DAC0808

(1)芯片介绍

DAC0808 是一个 8 位并行的 D/A 转换器,其主要性能指标为:相对准确度较高,可达到 ±0.19%;低功耗,最低可达 33 mW;输出电流建立时间快,典型值是 150 ns;数字输入量兼容 TTL 和 CMOS 逻辑电平;供电范围:±4.5～±18V;DAC0808 的引脚排列如图 3 - 7 - 1 所示。

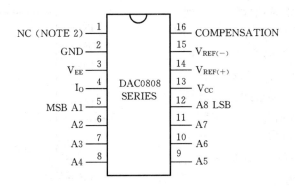

图 3 - 7 - 1　DAC0808 引脚排列图

（2）典型应用

DAC0808 的输出形式为电流，最大可达 2 mA，因此若要获得模拟电压输出，还需要外接集成运算放大器将电流输出转换为电压输出。DAC0808 的典型应用电路如图 3 - 7 - 2 所示。

在 $V_{REF}=10V$、$R_R=5.1\ k\Omega$、$R_F=5.1\ k\Omega$ 的情况下，模拟输出电压为

$$u_o = \frac{R_F V_{REF}}{2^8 R_R} D_n = \frac{10}{2^8}(d_7 \times 2^7 + d_6 \times 2^6 + \cdots + d_1 \times 2^1 + d_0 \times 2^0)$$

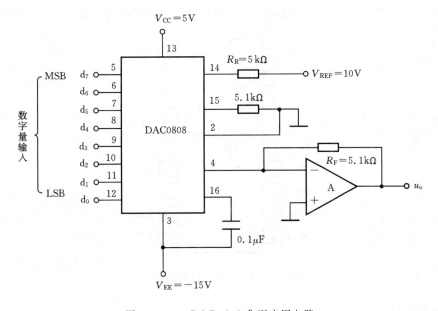

图 3 - 7 - 2　DAC 0808 典型应用电路

2. ADC0809

ADC0809 是 8 通道 8 位逐次逼近型 A/D 转换器，其主要性能指标为：典型时钟频率为 640 kHz，每一通道转换时间约为 100 μs，时钟频率越高，转换速度越快；允许最大时钟频率为 1280 kHz（通常选 640 kHz）；功耗为 15 mW；采用＋5V 单一电源供电，单通道输入方式。ADC0809 的引脚排列如图 3 - 7 - 3 所示。

ADC 0809 的工作过程是：首先输入 3 位地址，并使 $ALE=1$，将地址存入地址锁存器中。

此地址经译码选通 8 路模拟输入之一到比较器。$START$ 上升沿将逐次逼近寄存器复位。下降沿启动 A/D 转换,之后 EOC 输出信号变低,指示转换正在进行。直到 A/D 转换完成,EOC 变为高电平,指示 A/D 转换结束,结果数据已存入锁存器,这个信号可用作中断申请。当 OE 输入高电平时,输出三态门打开,转换结果的数字量输出到数据总线上。

3. 双极性 D/A 转换器芯片 MX7541

（1）芯片介绍

MX7541 是美国 MAXIM 公司生产的高速高精度 12 位集成 D/A 转换器。其主要性能指标为:低功耗,5 V 情况下通常为 450 mW;具有 12 位线性输出（1/2 LSB）;线性失真度为 0.012%;转

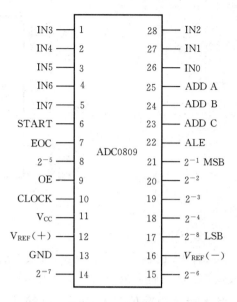

图 3-7-3　ADC0809 引脚排列图

换时间为 0.6 μs;与 TTL、CMOS 电平兼容。MX7541 的引脚排列如图 3-7-4 所示。

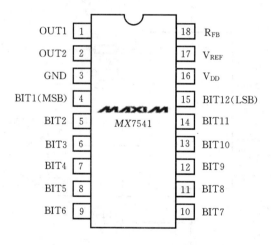

图 3-7-4　MX7541 引脚排列图

（2）典型应用

MX7541 芯片通过搭接不同的外围电路,既可用作单极性 D/A 转换电路,也可用作双极性 D/A 转换器。图 3-7-5 为 MX7541 的单极性 D/A 转换电路图。

此典型电路应用于单极性二进制数/模转换,其输出值与输入参考量的极性相反(如 V_{REF} 为正时,输出为负)。

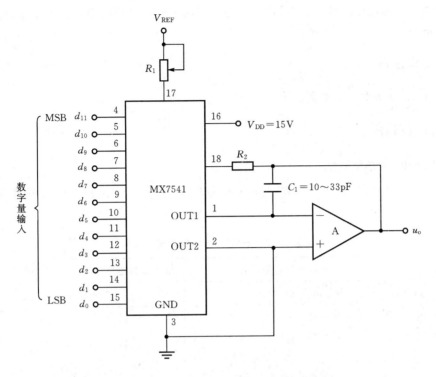

图 3 - 7 - 5　MX7541 单极性典型应用电路

MX7541 的双极性 D/A 转换电路如图 3 - 7 - 6 所示。

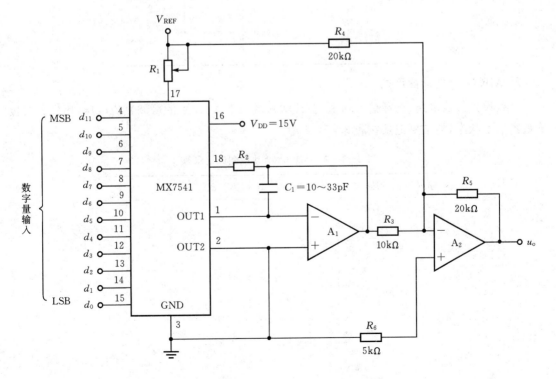

图 3 - 7 - 6　MX7541 单极性典型应用电路

　　此典型电路应用于双极性二进制数模转换,它在单极性电路的基础上加了 1 个运算放大器和 3 个电阻。

三、实验设备

DCL－Ⅰ型数字电子技术实验箱,万用表。

四、实验内容

1. DAC0808 的功能测试

　　按图 3－7－2 接线,输入 8 位数字量,对数模转换器 DAC0808 进行 D/A 转换实验,将结果记入表 3－7－1 中。

表 3－7－1　　DAC0808 功能测试记录表

输入 8 位数字量								输出模拟电压 u_0/V	
d_7	d_6	d_5	d_4	d_3	d_2	d_1	d_0	实际值	理论值
0	0	0	0	0	0	0	0		
0	0	0	0	0	0	0	1		
0	0	0	0	0	0	1	1		
0	0	0	0	0	1	1	1		
0	0	0	0	1	1	1	1		
0	0	0	1	1	1	1	1		
0	0	1	1	1	1	1	1		
0	1	1	1	1	1	1	1		
1	1	1	1	1	1	1	1		

2. ADC0809 的功能测试

　　自行设计接线电路,选择输入通道,在该输入端加上 0～5 V 的可调直流电压,用发光二极管观察输出状态,将结果记录在表 3－7－2 中。

表 3－7－2　　ADC0809 功能测试记录表

输入模拟电压/V	d_7	d_6	d_5	d_4	d_3	d_2	d_1	d_0
0								
1								
2								
3								
3.2								
3.8								
4								
4.5								
5								

3. 双极性 MX7541 的功能测试

分别按图 3-7-5 和图 3-7-6 接线,输入 8 位数字量,通过数模转换器 MX7541 进行 D/A 转换实验,将结果记入表 3-7-3 中。

表 3-7-3 MX7541 功能测试纪录表

输入 8 位数字量								输出模拟电压 u_o/V			
								单极性		双极性	
d_7	d_6	d_5	d_4	d_3	d_2	d_1	d_0	理论值	实际值	理论值	实际值
0	0	0	0	0	0	0	0				
0	0	0	0	0	0	0	1				
0	0	0	0	0	0	1	1				
0	0	0	0	0	1	1	1				
0	0	0	0	1	1	1	1				
0	0	0	1	1	1	1	1				
0	0	1	1	1	1	1	1				
0	1	1	1	1	1	1	1				
1	1	1	1	1	1	1	1				

五、实验报告

1. 在测试中,真实地记录数据并填入实验内容给出的表格,总结相关器件的逻辑功能;
2. 比较理论值与实际测试结果的差异,解释产生差异的原因;
3. 记录实验心得。

六、预习报告

1. 了解基本 A/D 和 D/A 转换器的工作原理;
2. 了解 DAC0808、MX7541 和 ADC0809 的逻辑框图、外引脚排列图和基本工作原理;
3. 了解 DAC0808、MX7541 和 ADC0809 的技术指标、典型应用及使用注意问题;
4. 画出实验内容 2 的电路接线图;
5. 完成各实验内容表格的理论值的计算。

第 4 章　课程设计

4.1　仿真软件介绍

在复杂可编程逻辑器件 CPLD(Complex Programmable Logic Device)上,可由软件编程完成数字系统的功能设计,因而它的设计比纯硬件的数字电路具有更强的灵活性,具有易于修改、可靠性高和保密性强等特点。全球 CPLD/FPGA(Field Programmable Gate Array)产品60%以上是由 Altera 和 Xilinx 提供的,他们共同决定了 CPLD 技术的发展方向。

使用复杂可编程逻辑器件 CPLD,由软件编程完成数字系统的硬件设计,设计者对系统要实现的逻辑功能进行描述的过程称为设计输入。常用的有原理图输入,硬件描述语言输入,网表输入等多种表达方式。

(1)原理图输入

原理图设计输入方式是利用软件提供的各种原理图库,采用画图的方式进行设计输入,是一种最为简单和直观的输入方式。原理图输入方式的效率比较低,一般只用于小规模系统设计,或用于在顶层拼接各个已设计完成的电路子模块。它和我们在数字电路中学过的基本逻辑电路联系很紧密,使用者只要在该软件平台上,从元件库中找到所需要的元件,然后进行写入、定义和下载等简单操作,就能完成设计。这种方式也适合于将已经使用或已经设计好的逻辑电路功能模块原理图植入 CPLD 中。采用这种简单的方法容易上手,具有巩固课程基本内容和引导学生学会使用新器件实现对数字电路的应用设计的功效。当然,能够采用 VHDL(硬件描述语言)设计更具有灵活性。

(2)硬件描述语言输入

这种设计输入方式是通过文本编辑器,用 VHDL,Verilog 或 AHDL 等硬件描述语言进行设计输入。采用语言描述的优点是效率较高,结果容易仿真,信号观察方便,在不同的设计输入库之间转换方便,适用于大规模数字系统的设计。

(3)网表输入

现代可编程数字系统设计工具都提供了和其第三方 EDA 工具相连接的接口。采用这种方法输入时,可以通过标准的网表把其他设计工具上已经实现了的设计直接移植进来,而不必重新输入。一般开发软件可以接受的网表有 EDIF 格式、VHDL 格式及 Verilog 格式等。在用网表输入时,必须注意在两个系统中采用库的对应关系,所有的库单元必须一一对应才可以成功读入网表。

在 Quartus II 软件平台上,可完成对 CPLD 设计的全过程。但对比较复杂的系统,一般应先采用 EDA 软件对所设计的系统进行仿真,以保证系统设计的正确性和可靠性。其设计流程主要包括以下几个步骤:

①建立工程项目文件:按照新建工程和文件向导建立工程项目文件;

②设计输入:通过图形界面输入,或使用 VHDL、Verilog 等硬件描述语言进行设计;

③编译操作:检查并纠正输入文件语法错误,将文件转换成可加载到器件里的网表中;

④功能验证:基本操作和功能验证,如计数器功能以及状态机的顺序是否正确等;

⑤布局布线:通过设置参数指定布局布线的优化准则,完成适配过程;

⑥时序验证:布局布线后,指定时序参数(如指定高速计数器的速度),然后进行仿真;

⑦设计配置:将最后的设计配置到器件中;

⑧载入调试:对含有载入了设计的 CPLD 硬件系统进行调试,排除错误,改进设计。

4.2　设计入门跟我学——初步熟悉

下面我们将选择在 Quartus II 9.0 版本的平台上,通过具体的设计实例学习从原理图的设计输入到编译、仿真和下载的全过程。

4.2.1　在 CPLD 应用设计平台上,实现一个半加器逻辑电路

1. 新建工程项目

①打开 Quartus II 文件,进入图 4-2-1 所示界面。

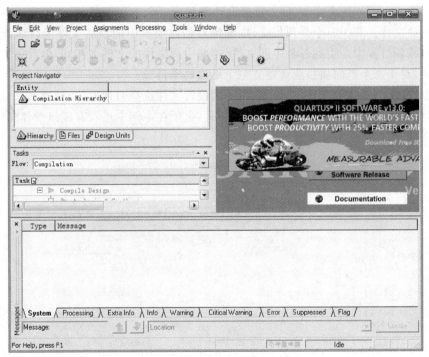

图 4-2-1　Quartus II 主界面

②在 File 菜单中,单击新建工程向导 New Project Wizard 项。

③工程项目建立向导对话框如图 4-2-2 所示。在最上面的文本输入框中,输入为该工程所建的路径 F:\altera\90\quartus\exam;在中间的文本输入框中输入工程名称 h-adder;最下面的文本输入框中输入顶层实体文件名称 h-adder。

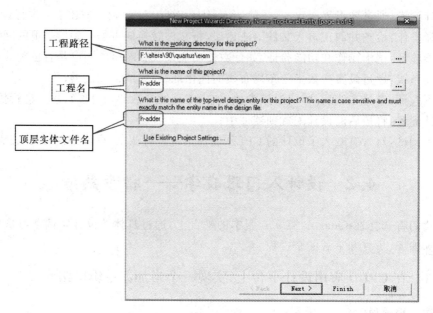

图 4-2-2　工程项目建立向导对话框

注：在 Quartus II 中，用户的每个独立设计都对应一个工程项目，每个工程项目可包含一个或多个设计文件。其中一个是顶层文件，编译器是对项目中的顶层文件进行编译的。项目同时还管理编译过程中产生的各种中间文件，这些中间文件的文件名相同，但后缀名不同。为了便于管理，对于每个新的项目应该建立一个单独的子目录。

④单击"Next"，进入到如图 4-2-3 所示的设计文件选择对话框，选择添加已设计好的程序文件，实现文件共享。如需添加直接单击"add"，由于在本例中还没有任何设计文件，所以不选择任何文件，直接单击"Next"。

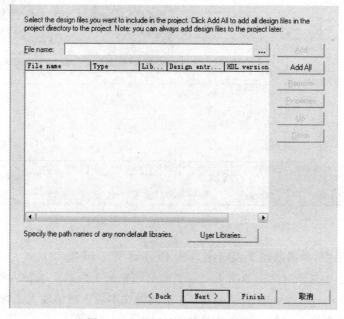

图 4-2-3　设计文件选择对话框

⑤单击"Next",进入到如图 4 - 2 - 4 所示的器件选择对话框,选择在该工程中所用的具体芯片型号。其中在"Family"下拉菜单中选择所选器件的大类,本例中选用 MAX7000S 系列;在"Package"下拉菜单中选择所选器件的封装;在"Pin count"下拉菜单中选择所选器件的管脚数;在"Speed grade"下拉菜单中选择所选器件的速度。这时在图中最下方就会显示出符合条件器件的具体型号。本项目选择 Altera 公司 MAX7000S 系列 TQFP 封装 44 引脚的 EPM7064S TC44 - 10。

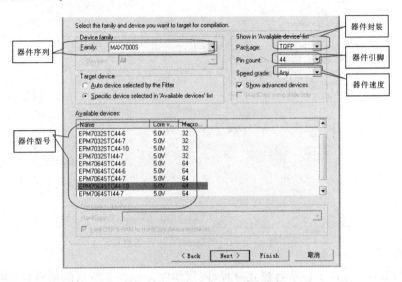

图 4 - 2 - 4　器件选择对话框

⑥单击"Next"进入到如图 4 - 2 - 5 所示的第三方 EDA 工具选择对话框,在该界面可以选择第三方的综合工具、仿真工具和时延分析工具,一般无需改动,所以在这个页面不作任何选择直接单击"Next"。

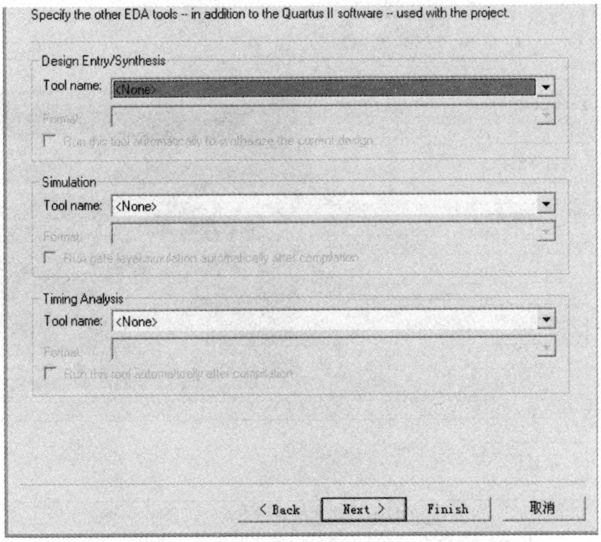

图 4 - 2 - 5　第三方 EDA 工具选择对话框

⑦单击"Next"进入到如图4-2-6所示的"Summary"对话框,这个窗口列出了前面所作设置的全部信息。

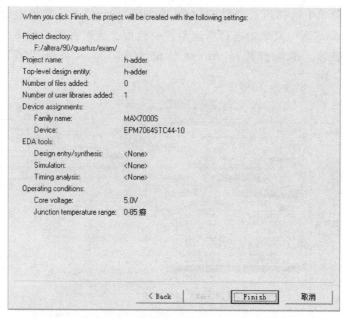

图4-2-6　"Summary"对话框

⑧单击"Finish"完成工程项目建立过程,回到如图4-2-7所示的主窗口,主窗口分为几个部分,除了菜单和工具条以外,左上有项目导航(Project Navigator)栏,此时在该栏能看到顶层模块的名称;左中是处理进度栏,用于显示项目处理的进度;下方是信息栏,用于显示项目处理过程中产生的各项信息。

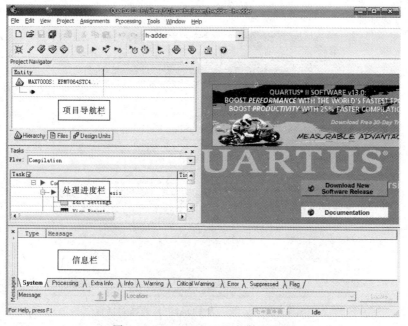

图4-2-7　Quartus Ⅱ主窗口界面

2. 建立原理图输入文件

使用 Block Editor 以原理图的形式进行设计输入和编辑。Block Editor 可以读取并编辑后缀名为".bdf"的原理图设计文件,在 Block Design Files 的基础上还可以生成 Block Symbol Files(.bsf),AHDL Include(.inc)文件和 HDL 文件,以便其他设计文件调用。原理图输入的具体过程为:

①在 File 菜单中选择 New 项。

②在出现的新建文件对话框中选择"Block Diagram/Schematic File"项,如图 4-2-8 所示。

③单击"OK",在主界面中将打开如图 4-2-9 所示的"Block Editor"窗口。该窗口包括主绘图区和主绘图工具条两部分。主绘图区是用户绘制原理图的区域;绘图工具条包含了绘图所需要的一些工具。

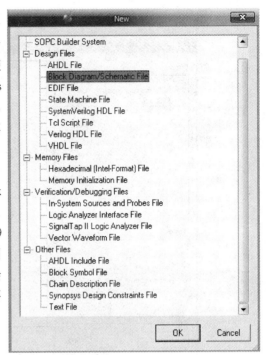

图 4-2-8　新建文件对话框

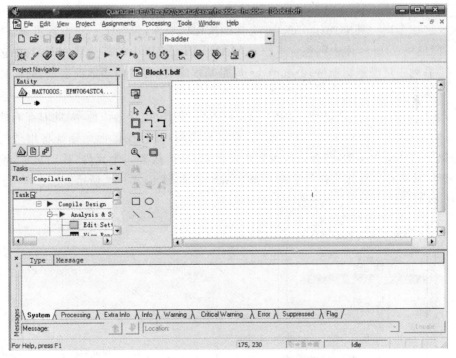

图 4-2-9　Block Editor 主窗口

④单击绘图工具栏上的 ▭ 按钮打开如图 4 - 2 - 10 所示的元件添加窗口。

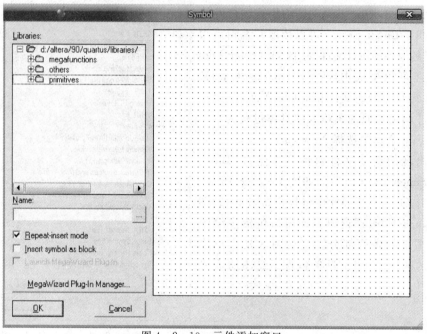

图 4 - 2 - 10　元件添加窗口

在"Libraries"栏中显示目前已经安装的元件库，一般缺省会有 megafunctions、others 和 primitives 这三个库。其中 megafunctions 是参数化模块库，包含了一些参数可调、功能复杂的高级功能模块；others 库中则包含了原来 MAX＋PLUS II 中的部分器件库，其中包括了大部分的 74 系列中规模逻辑器件；primitives 库是基本库，包含一些基本的逻辑器件，如各种逻辑门、触发器等。

⑤在元件库中打开元件目录，选中所需要的元件，如图 4 - 2 - 11 所示，此时在右侧窗口中能即时看到该器件的外形，单击"OK"按钮，对话框关闭，此时在鼠标光标处将出现所选的元件，并随鼠标的移动而移动，在合适的位置单击鼠标左键，放置一个元件；移动鼠标，重复放置第二个元件，放置结束时单击鼠标右键选择"Cancel"，如图 4 - 2 - 12 所示。

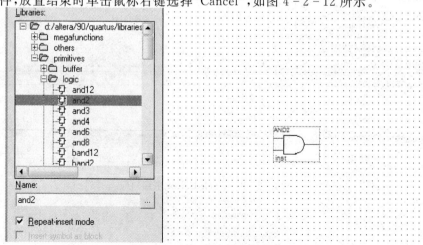

图 4 - 2 - 11　选中所需元件窗口

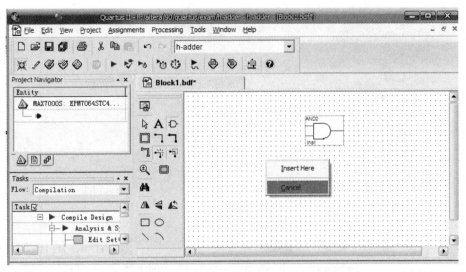

图 4-2-12　放置器件结束窗口

⑥按上面方法完成所需元件的放置,然后就需要连接各个器件了。连接元器件的两个端口时,先将鼠标移到其中一个端口上,这时鼠标指示符自动变为"+"形状,然后一直按住鼠标的左键并将鼠标拖到第二个端口直到出现小方框的时候放开,则一条连接线就被画好了。如果需要删除一条连接线,可单击这条连接线使其成高亮线,然后按键盘上的"Delete"键即可。注意添加输入/输出口。最后得到的半加器的原理图如图 4-2-13 所示。

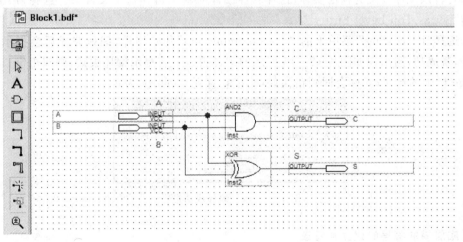

图 4-2-13　半加器原理图

⑦从"File"菜单下选择"Save",出现文件保存对话框,如图 4-2-14 所示。使用默认的文件名存盘,并选中最下面的复选框,加该文件到当前工程,单击"保存"。默认的文件名为项目顶层模块名加上".bdf"后缀。

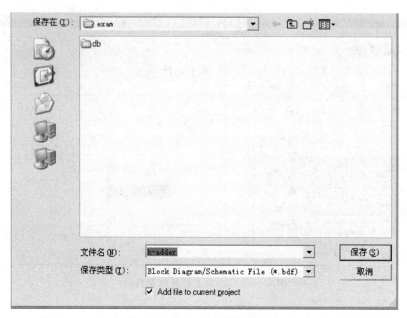

图 4 - 2 - 14　文件保存对话框

3. 文件编译

设计好的原理图需要通过编译来检查有没有句法错误。

①先将该文件设置为顶层实体,这样软件编译时就只编译这个文件了。选择"Project"菜单下的"Set as Top-Level Entity"。

②选择"Processing"菜单下的 "Start Compilation"开始编译,编译完成后会提示编译成功与否,若成功,则出现如图 4 - 2 - 15 所示的编译报告。若提示编译失败,则双击窗口最下方 message 栏中的错误,光标会回到错误处,改正它直到 0 errors 为止。

图 4 - 2 - 15　编译成功报告

4. 底层模块符号的建立和修改

数字系统设计的一般方法是采用自底向上或自顶向下的层次化设计。利用 Quartus II 提供的工具我们可以很容易地完成层次化设计。为了便于调用顶层模块,首先必须将前面设计的所需电路转变成一个元件符号。

①当所需要的底层电路图设计完成以后,在图形编辑器窗口下,执行菜单"File"下"Create / Update"子菜单下的"Create Symbol Files for Current File",就可以将前面设计的半加器电路编译成库中的一个元件。

②在出现的界面中保存生成的文件,文件名默认和顶层文件名相同,后缀为. bsf。如图 4 - 2 - 16所示。

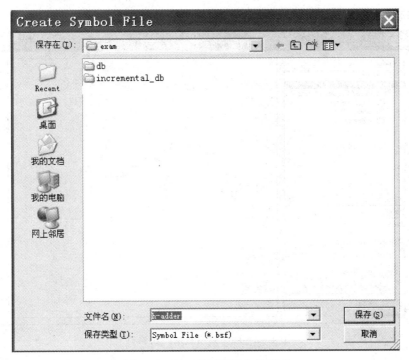

图 4 - 2 - 16　保存底层文件界面

③执行菜单"File"下的"Open"项,在文件类型下拉列表框中选择"Other Source Files"项,然后在文件窗口内选择刚完成编译的文件 h-adder. bsf,单击"打开"按钮,出现符号编辑器窗口,在这个窗口中就可以看到新建元件符号的外观。如图 4 - 2 - 17 所示。

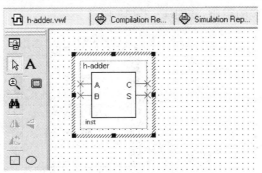

图 4 - 2 - 17　符号编辑器窗口

和图形编辑器类似,在符号编辑器里,可以通过画图工具对符号进行一些必要的修改,以满足设计的需要。

5. 底层模块的调用

在完成模块符号生成后,可以建立顶层文件来调用这个符号,以构成完整的系统。

新建一个空白的图形文件,保存为"Clock. bdf"。打开元件添加窗口,如图 4 - 2 - 18 所示。可以注意到和以前不同的是在"libraries"栏中,多出了一个"project"目录,在这个目录下,可以看到前面生成的 h-adder 元件。

在绘图区内放置若干元件,经过连接后,完成需要的顶层文件。

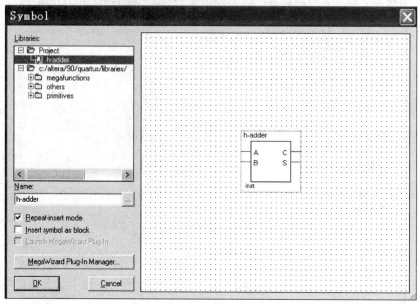

图 4 - 2 - 18　调用底层模块窗口

6. 硬件调试

①将框图模块的输入输出管脚与实际器件的管脚相对应,即分配管脚。单击菜单 Assignments＞Pins。

②在弹出的管脚分配工具栏中,双击每个输入输出管脚对应行的 Location(位置),会弹出下拉菜单,选择器件上对应的引脚,如图 4 - 2 - 19 所示。

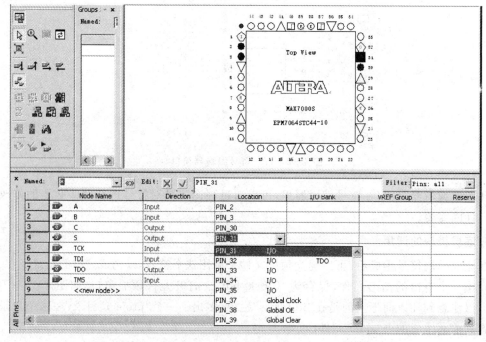

图 4 - 2 - 19　管脚分配窗口

③管脚配置完成后,关闭窗口,然后对顶层文件重新编译一遍。这时在图形编辑器窗口中的输入输出引脚处便出现了设置好的对应器件的引脚号,如图4-2-20所示。

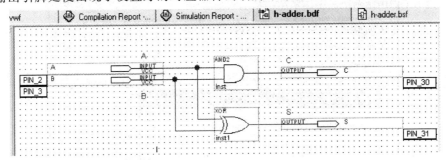

图4-2-20 配置完成的原理图窗口

④管脚分配完毕就可以把程序下载到 CPLD 中调试。

在下载之前首先要用并口下载线连接 PC 机和目标板的 JTAG 口,将 CPLD 的引脚 2、3 分别接两个电平开关作为两个加数 A 和 B 的输入信号,将引脚 30、31 接两个 LED 灯作为进位和和输出信号,然后单击工具条上的 🐾 图标或者 Tools > Programmer 下载按钮,打开如图4-2-21所示窗口。模式选择为 JTAG。

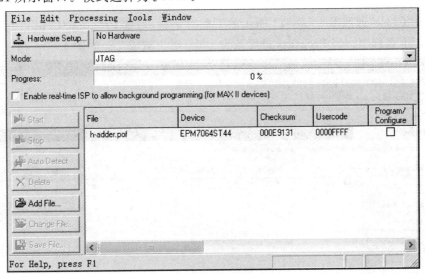

图4-2-21 下载模式选择

⑤第一次使用时,没有可选择的硬件,这时需要单击"Hardware Setup"安装硬件。在弹出的对话框中,先在 Hardware Setup 中选择下载端口,如果使用的是并口下载(本实验平台采用并口 JTAG 模式),则单击"Add Hardware"按钮,在出现的对话框中 Hardware type 项选择添加"ByteBlasterMV or ByteBlaster II",Port 选择 LPT1,单击"OK",在"Currently selected Hardware"下拉菜单中选中所用的硬件。如图4-2-22所示。

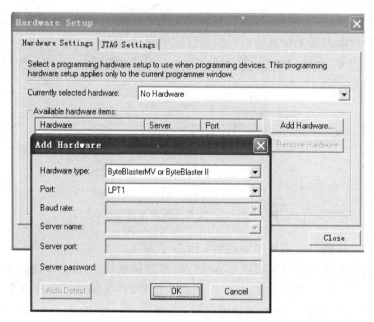

图 4 - 2 - 22　硬件配置窗口

⑥单击"Close"返回图 4 - 2 - 21 所示的下载对话框，勾选 Program/Configure 下的方框，单击"Start"下载程序。当 Progress 进度条为 100％时下载成功。如图 4 - 2 - 23 所示。

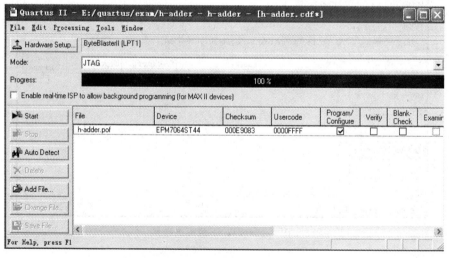

图 4 - 2 - 23　下载完成窗口

4.2.2　基于 74160 的十进制加法计数器仿真

1. 创建文件

根据新建工程向导建立工程，路径为 F:\altera\90\quartus\exam2，工程名为：ten-counter. qpf，在该工程中新建图形输入文件 ten-counter. bdf，在图形编辑窗口中放入一片 74160，并添加相应的输入输出信号引脚。编译通过的十进制加法计数器原理图如图 4 - 2 - 24 所示。

（详细过程见 4.2.1 节）。

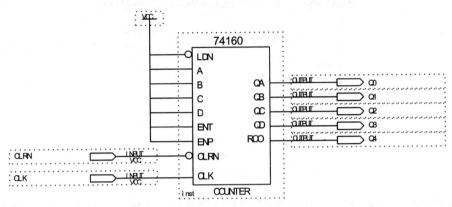

图 4-2-24　十进制加法计数器原理图

2. 功能仿真

下一步就是要确定编译通过的程序功能的正确性,这个需要通过仿真来完成。

①在仿真之前,需要创建测试用的波形文件,选择 File ＞ New,在窗口中选择"Vector Waveform File",单击"OK"确认。

②在出现的波形文件编辑器窗口中单击保存按钮,默认保存文件为 ten-counter. vwf。然后单击"Edit"中的"End time"设置仿真时间;此例中设置为 200 ns,如图 4-2-25 所示。

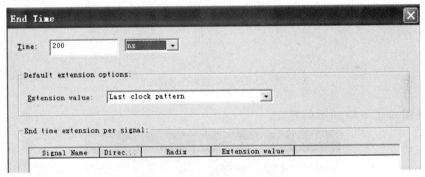

图 4-2-25　设置仿真时间窗口

③单击 Edit ＞ Insert Nodes or Bus,或在编辑窗口的左边空白处右击选择该功能以添加电路仿真需要的节点。

④打开图 4-2-26 所示的窗口,单击 Node Finder。

⑤在图 4-2-27 所示窗口里的滤波器 filter 选项中,可以滤除掉一些不想要的信号,此处选择"Pins:all",单击"List",就会在"Nodes Found"中列出本程序中所有的输入输出节点,单击 ➡ 将需要仿真的节点加入到"Selected Nodes"中,单击"OK"确认。

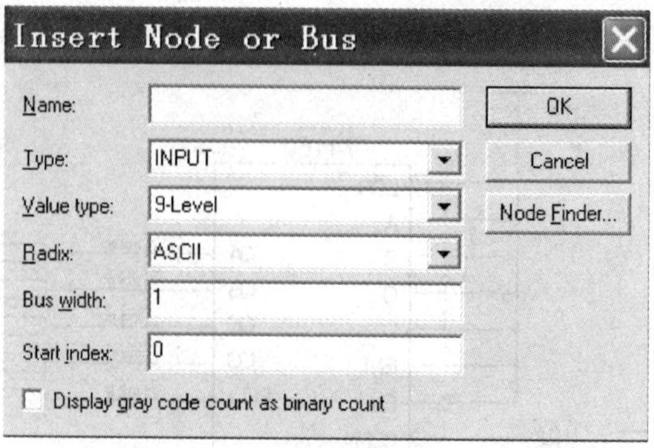

图 4 - 2 - 26　添加电路仿真节点窗口

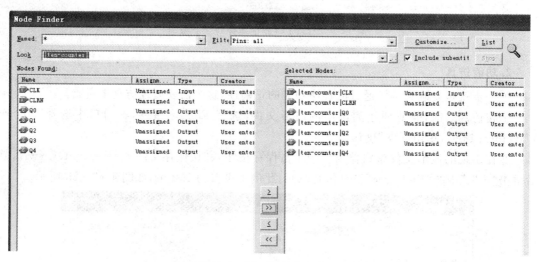

图 4 - 2 - 27　选择节点窗口

⑥出现图 4 - 2 - 28 所示的界面。

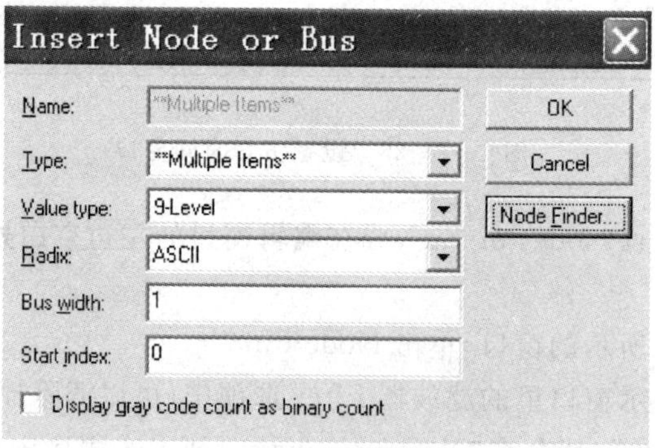

图 4 - 2 - 28　选择节点完成界面

⑦单击"OK",出现如图 4 - 2 - 29 所示的界面。

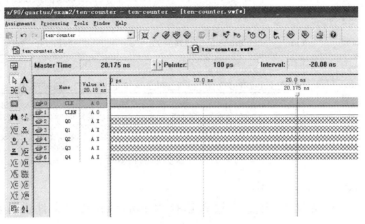

图 4 - 2 - 29　添加了节点的仿真界面

⑧单击 $\overline{XC}$ 给输入的时钟信号 CLK 加激励信号,如图 4 - 2 - 30 所示。

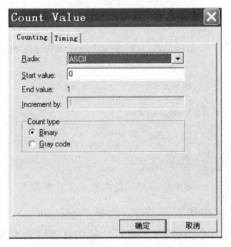

图 4 - 2 - 30　加激励信号界面

⑨单击"Timing"给出计数周期,如图 4 - 2 - 31 所示。此处设信号的计数周期为 1 ns。

图 4 - 2 - 31　计数周期设置界面

⑩在图 4 - 2 - 29 中选中清零信号 *CLRN*,单击图标 ⊓ 设置该信号恒为高电平,保存该设置后如图 4 - 2 - 32 所示。

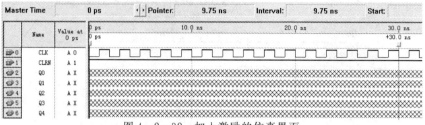

图 4 - 2 - 32 　加入激励的仿真界面

⑪选择 Assignments ＞ Settings。

⑫在打开的设置窗口中,将仿真模式选择为 Functional,对文件进行功能仿真,如图 4 - 2 - 33 所示。

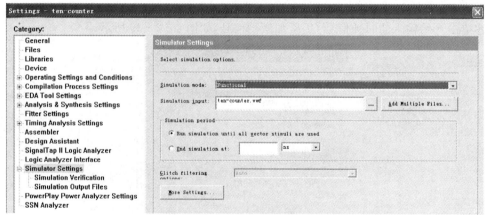

图 4 - 2 - 33 　仿真模式选择界面

⑬仿真之前,需要生成功能仿真连线表:选择 Processing ＞ Generate Functional Simulation Netlist。系统运行完成后出现一个消息窗口,提示功能仿真连线表生成成功,如图 4 - 2 - 34 所示。

图 4 - 2 - 34 　生成功能仿真连线表成功

⑭选择 Processing ＞ Start Simulation 开始仿真,仿真结果如图 4 - 2 - 35 所示。

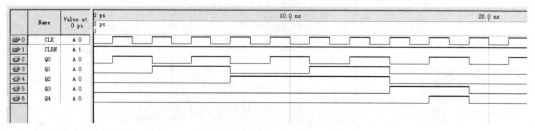

图 4 - 2 - 35 　仿真波形

4.2.3　在 CPLD 应用设计平台上,用 74160 设计六进制加法计数器

1. 创建文件

根据新建工程向导建立工程,路径为 F:\altera\90\quartus\exam3,工程名为:six-counter. qpf,在该工程中新建图形输入文件 six-counter. bdf,在图形编辑窗口中放入一片 74160,利用异步清零法设计六进制计数器并添加相应的输入输出信号,编译通过的文件如图 4 - 2 - 36 所示。(详细过程见 4.2.1 节)。

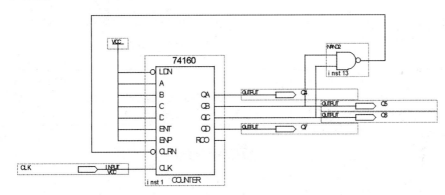

图 4 - 2 - 36　六进制加法计数器

2. 功能仿真

对编译通过的文件进行功能仿真,先建立仿真波形文件,保存为 six-counter. vwf,仿真时间设置为 200 ns,时钟信号 CLK 的周期设置为 1 ns,保存设置结果并生成功能仿真连线表后仿真,仿真结果如图 4 - 2 - 37 所示。

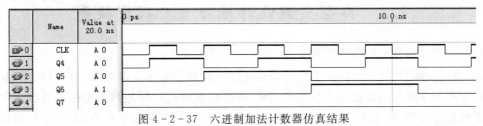

图 4 - 2 - 37　六进制加法计数器仿真结果

3. 生成底层模块

生成的六进制计数器的底层模块符号如图 4 - 2 - 38 所示。

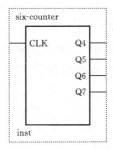

图 4 - 2 - 38　六进制计数器的底层模块符号

4.硬件调试

①对所设计的文件进行管脚配置,如图 4-2-39 所示。

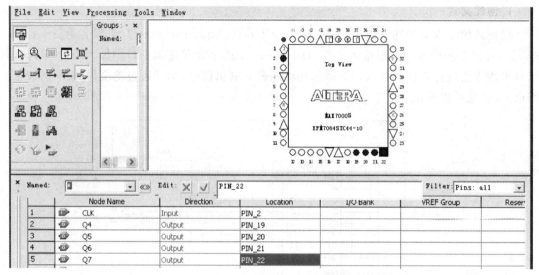

图 4-2-39　管脚配置界面

②先用并口下载线连接 PC 机和目标板的 JTAG 口,并将实验箱上 CPLD 的引脚 2 接电平开关作为时钟脉冲输入,将引脚 19、20、21、22 接数码管用于计数显示,然后设置硬件和下载模式,进行硬件调试,步骤同 4.2.1 节。

结果表明该设计正确,保留该文件以备后面的实验调用。

4.3　典型实例设计练习——巩固提高

针对应用技术型本科的培养特点,加深和巩固基本概念、基本单元电路分析和设计方法是必须的,所以在课程实验中,保留了传统的验证性实验教学方法。但是由于课时的原因,仅选择了部分必须掌握的内容通过课程实验完成,选择将直接可以使用数字电路器件构成的简单应用系统设计题目,移植在复杂可编程逻辑器件 CPLD 上实现给予补充,起到了既加深和巩固数字电子课程的理论基础,又提高用软件实现硬件的设计能力的双重功效。

4.3.1　数字记分牌设计

1.题目要求

①在 CPLD 应用设计平台上,实现甲、乙两队比赛成绩的数字记分功能;

②计数范围为 000～199,其中加计数和减计数步距为 1 分;

③数码管实时显示分数;

④具有上电启动和复位功能。

2.设计建议

两队的记分电路完全一致,所以本书只给出甲队计分器的设计思路。

计分器主要包括按键控制、计分和译码显示模块,原理框图如图 4 - 3 - 1 所示。

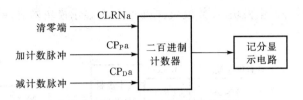

图 4 - 3 - 1　甲队记分电路原理框图

(1)按键模块

用手动按键控制提供加分 CP_{pa} 或减分 CP_{Da} 的命令信号以及清零信号,为了防抖动,应采用逻辑开关。在 CPLD 应用设计平台上,设置有 4 个逻辑开关,可以直接使用。为了防止按键不够用的情况也可以使用电平开关与设计在 CPLD 中的与非门组成,即通过一个按键的高低电平转换同时控制加、减计数。

(2)计分电路模块

因为计数范围为 000～199,则每队的计分器应由二百进制的加减 1 计数器构成。使用集成计数器器件最好在 Quartus II 库中选择,也可以选用数字电路中熟悉的集成器件,例如:74192、74193 等。

(3)译码和显示模块

平台上已经配置有译码、驱动和显示电路(见附录 F),可以直接使用。但由于平台上仅有4 位数码管显示,每队仅能分配 2 位,要使显示范围满足 000～199 可以借助一个 LED 灯来实现,即用 2 位数码管显示个位和十位,用 LED 灯显示最高位(并规定对应指示灯点亮表示最高位为 1,指示灯不被点亮表示最高位为 0)。

(4)复位模块

复位通过按键接计数器的清零端来实现,该功能比较简单,可以直接利用平台上的按键。

3. 移植复现

①首先用数字电路的知识,画出各模块的原理图;

②利用仿真分析检验设计的正确性。

③按照入门学习的步骤,将需要植入 CPLD 的功能电路写入;

④在简易 CPLD 应用设计平台上测试,验证其功能的正确性。

4. 验收形式

①由任课教师现场打分,确定优、良、中、合格和不合格;

②完成设计中,有创新者另外加分。

4.3.2　电子秒表设计

1. 题目要求

①在 CPLD 应用设计平台上,实现秒脉冲发生器的设计;

②准确计时,以数字形式显示分和秒,计数容量 1 小时;

③具有启动、复位和停止功能。

2. 设计建议

本系统主要由秒脉冲产生模块、计数模块、控制模块和显示模块构成,系统框图如图 4 - 3 - 2 所示。

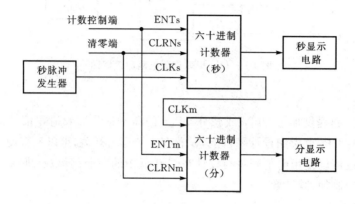

图 4 - 3 - 2　电子秒表原理框图

(1)秒脉冲发生器模块

利用外接晶体产生的 10 MHz 信号作为脉冲信号(CPLD 第 37 管脚),通过 7 次十分频电路后获得秒脉冲信号。

(2)计时和显示模块

分别构成两个六十进制计数器作为秒计数和分计数;

1 Hz 的时钟脉冲作为秒计数器的时钟输入,秒计数器十位产生向分计数器提供的时钟,秒、分计数器的输出分别接到各自的七段译码器的输入端,驱动数码管显示。

(3)控制模块

主要实现对电子秒表的启动、复位和停止。可以通过实验平台上的按键控制计数器的计数控制端和清零端来实现。

3. 移植复现

①首先用数字电路的知识,画出各模块的原理图;

②使用仿真分析检验设计的正确性;

③按照入门学习的步骤,将需要植入的功能电路写入 CPLD;

④在简易 CPLD 应用设计平台上测试,验证其功能的正确性。

4. 验收形式

①由任课教师现场打分,确定优、良、中、合格和不通过;

②设计中,有创新者另外加分。

4.4　课程设计制作选题

本节训练内容选择了抢答器、等精度频率计和 555 信号发生器的设计与调试。一般要求是在指导书中给出详细的设计步骤,通过跟我学的方式,初步学会对一个简单应用系统的设计。为了管理简化,选择统一的系统框图与主要器件。

对部分爱好者来说,重点是创新思维的培养,建议学生主动上网查阅相关文献,学习、理解并确定满足题目要求的系统电路框图(包括功能模块和器件选择),应用仿真设计手段初步独立完成仿真设计;然后通过移植复现,组建自行设计的硬件系统并调试通过;进一步优化设计,完善功能,实现初步创新。

4.4.1　抢答器

1. 题目要求

①设计一个 4 位抢答器,4 位选手的编号和抢答器按钮的编号相对应,当抢先者按下面前的按钮时,抢答器能准确地判断出抢先者。

②给系统设置一控制开关,用来控制系统的清零(编号显示数码管灭灯)和抢答开始。

③具有数据锁存和显示的功能。抢答开始后,若有多名选手按动抢答按钮,对最先按下的按键实行优先锁存和编号,在数码管上显示该编码直到主持人将系统清零为止。同时封锁输入电路,禁止其他选手抢答。

④具有定时抢答功能,一次抢答时间为 10 秒。当主持人启动"开始"键后,定时器立即进行减计时,并通过显示器显示。选手在设定的时间内进行抢答,抢答有效,定时器停止工作,显示器上显示选手的编号和抢答时刻的时间,并保持到主持人将系统清零为止;如果定时抢答的时间已到,而没有选手抢答时,本次抢答无效,封锁输入电路,禁止选手超时后抢答,定时显示器上显示 0 不变。

2. 设计建议

抢答未开始时,抢答器处于禁止状态,显示器熄灭,定时器显示设定时间;当主持人按下开始按钮时,定时器开始倒计时,抢答器开始工作,若有按键按下,则完成优先判断、编号锁存和显示,且定时器停止工作;若在定时时间内没有人抢答,当定时时间结束时禁止抢答,定时器显示 0 不变;如果要开

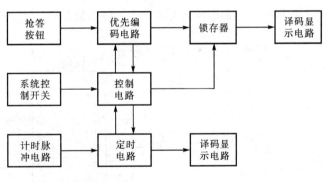

图 4 - 4 - 1　抢答器系统框图

始第二轮抢答,必须由主持人先进行清零操作再按开始。系统框图如图4 - 4 - 1所示。

(1)抢答电路

该部分电路要完成两个功能:一是分辨出选手按键的先后,并锁存优先抢答者的编号,同时译码显示电路显示该编号;二是禁止其他选手按键操作。选用优先编码器 74LS148 和锁存器 74LS279 可以完成上述功能,所组成的参考电路如图 4 - 4 - 2 所示。

这个电路的工作过程为:当开始按钮 Star 接低电平时,RS 触发器的清零端 $\overline{R}$ 均为 0,4 个触发器输出($Q4—Q1$)全部置 0,使 74LS47 的 $\overline{BI} = 0$,显示器灯灭;74LS148 的选通输入端 $\overline{EIN} = 0$,使之处于工作状态,此时锁存器不工作。

当开始按钮 $Star$ 接高电平时,清零端 $\overline{R}$ 禁止,则优先编码器和锁存器均处于工作状态,即

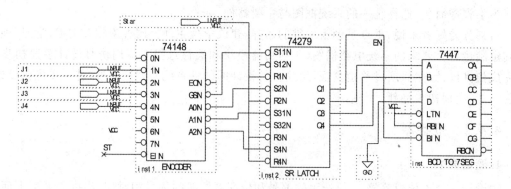

图 4 - 4 - 2　抢答电路原理图

抢答器处于等待工作状态,等待输入端的信号输入。

当有选手将键按下时(如令 $J2=0$),74LS148 的输出 $\overline{A_2}\,\overline{A_1}\,\overline{A_0} = 101$, $GSN = 0$,经 RS 锁存后 $Q1=1$, $Q4Q3Q2 =010$,74LS47 处于工作状态,译码输出后,显示器显示为"2"。

此外,由于 $Q1=1$,即 $\overline{EIN} = 1$,则 74LS148 处于禁止工作状态,封锁其他按键的输入,即使此时开始按钮 Star 接低电平,74LS148 的 $GSN = 1$,但由于锁存器 74279 被封锁,整个电路仍处于禁止状态,输出不变。这样就确保不会对后按下的选手译码显示,保证了只显示优先抢答者。

(2)定时控制电路

该部分主要由秒脉冲发生器、十进制同步加减计数器 74LS192 减法计数电路、74LS47 译码电路和数码管显示等电路组成。具体电路如图 4 - 4 - 3 所示。

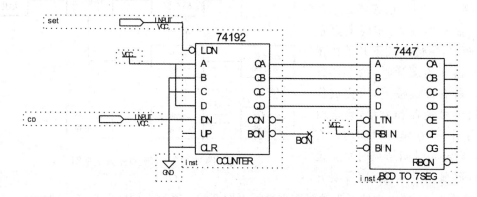

图 4 - 4 - 3　定时控制电路原理图

一块 74LS192 实现减法十进制计数,通过译码电路 74LS47 显示到数码管上,其时钟信号由秒脉冲发生器电路提供。74LS192 的预置数控制端 $\overline{LDN}$ 实现预置数 9,当有人抢答时,停止计数并显示此时的倒计时时间;如果没有人抢答,且倒计时时间到时,输出低电平到时序控制电路,控制 74LS47 使 0 闪烁,同时禁止 74148 计数,使以后选手抢答无效。

(3)时序控制电路

它是抢答器设计的关键,主要完成以下功能:

①主持人将开始按钮 Star 接高电平进入开始状态时,抢答电路进入正常抢答工作状态,

定时电路进入正常倒计时状态。

②当有抢答按钮按下时,抢答电路和定时电路停止工作。

③当设定的抢答时间到,无人抢答时,抢答电路和定时电路停止工作。

根据上面的功能要求以及抢答器电路,设计的时序控制电路如图 4-4-4 所示。

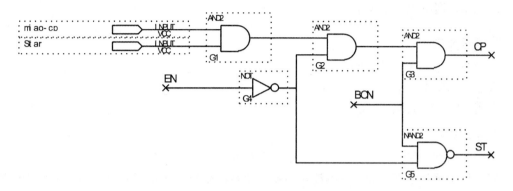

图 4-4-4　时序控制电路原理图

图中,BON 为计时时间到信号,EN 为有抢答按键按下信号,CP 为计数器计时脉冲,ST 为 74148 输入使能。由图可知,由开始信号 $Star$、EN 和 BON 共同控制计时秒脉冲信号的输入与禁止。

当开始按钮 Star 接高电平即开始时,来自于抢答电路的 74LS279 的输出 $EN=0$,来自于定时电路的 74LS192 的借位信号即 $BON=1$,则秒脉冲信号 $miao\text{-}cp$ 能够加到 74LS192 的 DN 时钟输入端,定时电路进行递减计时。同时,门 G5 的输出 $ST=0$,使 74LS148 处于正常工作状态,从而实现功能①的要求。

当选手在定时时间内按动抢答键时,$BON=1$,$EN=1$,经 G4 反相,G2、G3 被封锁,CP 信号被禁止,定时器处于保持状态,且显示当前时间;同时,门 G5 的输出 $ST=1$,74LS148 处于禁止工作状态,从而实现功能②的要求。

当定时时间到时,$BON=0$,门 G5 的输出 $ST=1$,74LS148 处于禁止工作状态,禁止选手进行抢答。同时,门 G3 被封锁,CP 信号被禁止,定时电路保持 0 状态不变,从而实现功能③的要求。

3.移植复现

①首先用数字电路的知识,画出各模块的原理图;

②使用仿真分析检验设计的正确性;

③按照入门学习的步骤,将需要植入 CPLD 的功能电路写入;

④在 CPLD 应用设计平台上测试,验证其功能的正确性。

4.报告要求

①写出较完整的设计报告;

②记录调试中所遇到的问题并分析其原因;

③写出心得体会。

5. 验收形式

①由任课教师现场打分,确定优、良、中、合格和不通过;

②设计中,有创新者另外加分。

2.4.2 等精度频率计

1. 题目要求

①被测信号为 TTL 脉冲信号;

②显示的频率范围为 00000~19999 Hz;

③用 LED 数码管显示频率数值。

2. 设计建议

所谓等精度是指用一个已知频率的信号为标准来测量另一个未知信号的频率。

基于传统测频原理的频率计的测量精度将随被测信号频率的下降而降低,在实用中有较大的局限性,而等精度频率计不但具有较高的测量精度,而且在整个测频区域内保持恒定的测量精度。等精度频率计的测频原理如图 4-4-5 所示。

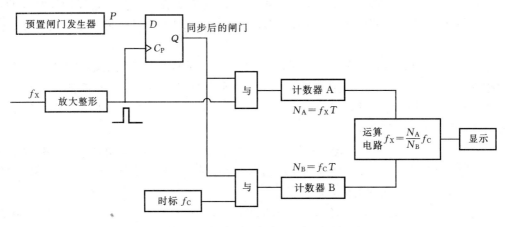

图 4-4-5 等精度频率计的测频原理框图

被测信号 f_X 经放大整形电路后分别接至 D 触发器的 C_P 端和与门(上),D 触发器的功能是实现被测信号 f_X 与预置门控信号同步以产生一个宽度为 f_X 整数倍的闸门信号,该闸门信号在高电平期间,控制计数器 A 的计数值。闸门信号的另一路与时标脉冲 f_C 相与后进入计数器 B 计数。计数器 A 和计数器 B 在闸门信号宽度相同的情况下,分别对测量信号(频率为 f_X)和标准频率信号(频率为 f_C)同时计数。当预置门信号变为低电平时,随后而至的被测信号的上升沿同步将使两个计数器关闭。

设在一次预置门时间 P 内对被测信号的计数值为 N_A,对时标信号的计数值为 N_B,则有下式成立

$$\frac{f_X}{N_A} = \frac{f_C}{N_B}$$

由此可得

$$f_X = \frac{f_C \times N_A}{N_B}$$

两个计数器的计数值经运算电路运算后,输出显示被测信号的频率。工作波形如图 4-4-6 所示。

由上述分析可知,该系统主要由控制电路、计数电路和译码显示所构成。其中,控制电路用来产生同步闸门信号;计数电路通过构成的两个两万进制计数器对被测信号和时标信号进行计数;显示结果由四位数码管和一位 LED 实现。

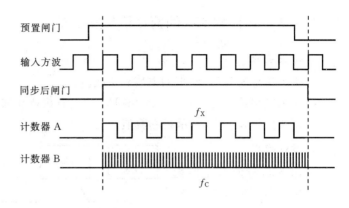

图 4-4-6 等精度频率计工作波形

注:由于在 CPLD 中很难实现两个数据的除法运算,因此本实验中直接将预置闸门设置为 1 秒,此时由计数器 A 得到的数值即为被测信号的频率。

一百进制计数器模块电路如图 4-4-7 所示。

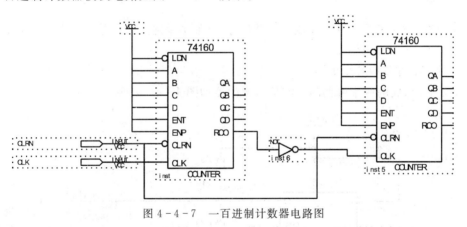

图 4-4-7 一百进制计数器电路图

3. 移植复现

①首先用数字电路的知识,画出各模块的原理图;

②使用仿真分析检验设计的正确性;

③按照入门学习的步骤,将需要植入的功能电路写入 CPLD;

④在 CPLD 应用设计平台上测试,验证其功能的正确性。

4. 报告要求

①写出较完整的设计报告;

②记录调试中所遇到的问题并分析其原因;

③写出心得体会。

5. 验收形式

①由任课教师现场打分,确定优、良、中、合格和不通过;

②设计中,有创新者另外加分。

2.4.3　基于 NE555 的简易信号发生器

1. 题目要求

①输出信号为 TTL 电平的方波和正弦波；

②输出频率范围为 00000~19999 Hz，并具有粗调和细调功能；

③用数码管和 LED 显示频率数值。

2. 设计建议

利用 555 与外围元件构成自激振荡器产生方波信号，其中，通过波段开关对频率进行粗调，电位器进行细调，从而得到不同频率的方波；输出的方波经电容耦合输出后，再经积分电路和低通滤波电路得到正弦波；利用 555 构成一

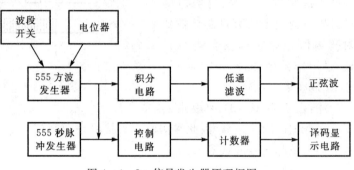

图 4-4-8　信号发生器原理框图

秒脉冲发生器，作为对频率进行计数的时基信号，计数结果通过四位数码管和一位 LED 显示。系统框图如图 4-4-8 所示。

（1）NE 555 方波信号发生器

由 NE555 构成的频率可调的方波信号发生器如图 4-4-9 所示。

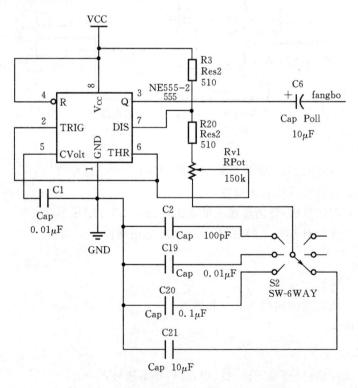

图 4-4-9　NE 555 方波信号发生器原理图

（2）正弦波转换电路

经积分电路和低通滤波电路得到的正弦波电路如图 4 - 4 - 10 所示。

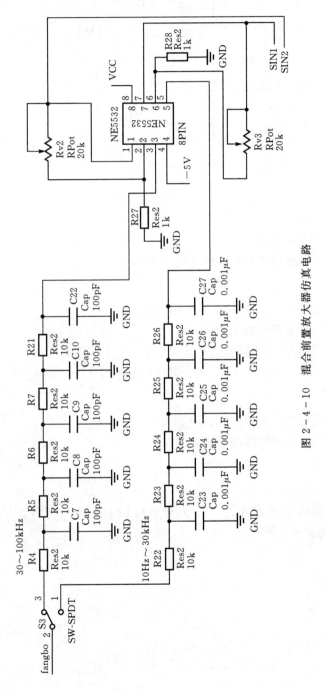

图 2 - 4 - 10 　混合前置放大器仿真电路

（3）秒脉冲发生器

由 NE555 构成的秒脉冲发生器如图 4 - 4 - 11 所示。

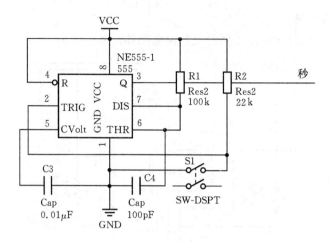

图 4 - 4 - 11　秒脉冲产生电路原理图

(4)计数、译码和显示电路

对频率进行计数并通过译码显示的电路如图 4 - 4 - 12 所示。

3. 移植复现

①首先用数字电路的知识,画出各模块的原理图;

②利用仿真分析检验设计的正确性;

③按照入门学习的步骤,将需要植入的功能电路写入 CPLD;

④在 CPLD 应用设计平台上测试,验证其功能的正确性。

4. 报告要求

①写出较完整的设计报告;

②记录调试中所遇到的问题并分析其原因;

③写出心得体会。

5. 验收形式

①由任课教师现场打分,确定优、良、中、合格和不通过;

②设计中,有创新者另外加分。

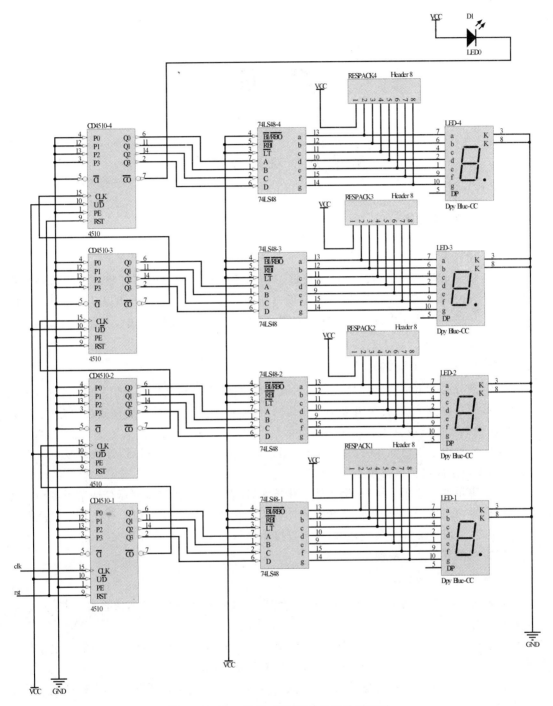

图 4 - 4 - 12　计数、译码和显示电路原理图

附　录

附录 A　双踪示波器

A.1　示波器概述

1.示波器的用途

示波器是显示被测电压信号波形的仪器。利用示波管上的刻度还可测量被测信号的周期、幅度、上升时间、下降时间、变化速率、电源电压中的纹波、信号中的噪声以及两个信号之间相位差等。一般示波器探头具有高的输入电阻，所以探头接入被测电路中，不会影响被测电路的正常工作。

2.示波器的类型与应用场合

示波器被分为模拟示波器和数字存储示波器两大类，前者是利用被测信号的周期性，来完成信号波形的稳定显示；后者是将被测电压信号经 ADC 转换变成数字量存储在内存中，然后用 DAC 转换到示波管或直接利用显示器显示。

模拟示波器由于价格低，易操作，广泛应用于教学和一般要求的科研、维修等领域。在甚高频领域，模拟示波器仍占据着主导地位。

由于数字示波器使用采样、存储等数字化技术，所以它不仅能稳定显示低频信号和瞬态的非周期性信号，也可将被测信号记录转存到计算机中再进行分析和处理。有些数字示波器自带 FFT 功能，可以在屏幕上显示频谱，甚至直接驱动打印机将波形打印出来。

本实验室配置的是双踪模拟示波器。

3.示波器使用注意事项

①示波器内部存在高压。当示波器出现故障时，应向教师报告，不得擅自打开机壳，以免引起触电等事故。

②随意改变示波器的交流电压输入选择，会引起示波器的电源烧毁，酿成事故。也不得自行更换示波器的保险管，否则容易引起保险失效而导致事故。

③被测信号输入电压不要超过示波器的输入端规定的上限（即峰值为 400 V 以下），防止发生击穿等故障。长时间不使用的示波器，不应该处于开机状态。

④通常示波器探头接入被测电路，不会改变被测电路的工作状态。但是，在高频或者被测电路具有较高输出电阻时，示波器的引入可能引起被测电路状态变化，使用者必须注意，这时需要更换特制探头。

⑤在示波器上的所有旋钮和波段开关，都难以承受过大的扭动力。当右旋受到较大阻力时，不能用力过度，而应该通过左旋试探来验证右旋是否到底。

⑥关闭示波器后,不要随意改变示波器旋钮、开关状态,这样有利于下次使用。

⑦有些示波器的探头价格昂贵,为了不至于丢失,不要轻易将探头与示波器分离。

A.2　模拟示波器的组成与基本工作原理

模拟示波器是由示波管、被测信号输入 Y 轴放大器、X 轴锯齿波扫描发生和放大器,以及电源等组成。

1. 示波管的工作原理

①示波管的结构如图 1 所示,在一个封闭的玻璃管的荧光屏内壁涂上荧光粉,当电子枪的灯丝被加热,发出电子束轰击荧光屏时,会发出荧光。如果电子束在飞行过程中,遇到加有电压的两个偏转板的电场作用,会在 X、Y 两个方向上发生偏转而改变运行方向,导致电子束落到荧光屏上的位置发生改变。

当在 Y 偏转板上加入周期被测信号,而在 X 偏转板上不加电压,可以在示波管的荧光屏上看到光点随着被测电压的变化而发生垂直位置变化。

当在 X 偏转板上加入周期锯齿波,而在 Y 偏转板上不加电压,可以看到光点在荧光屏的水平方向上,从左到右边重复匀速移动。

当在 X 偏转板上加入周期锯齿波,而在 Y 偏转板上加入周期正弦波,则可以看到,光点从左到右重复匀速移动的同时,其 Y 方向按正弦规律变化,即光点的移动轨迹是一个正弦波。

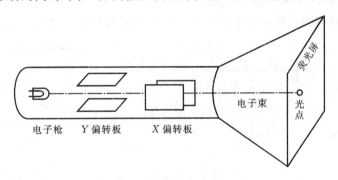

图 1　示波管的结构示意图

②与示波管有关的主要面板控制旋钮、电源指示灯以及机内标准方波信号输出端口如下:

辉度调节旋钮:调节荧光的亮度;

聚焦调节旋钮:调节荧光显示线条的粗细;

亮度调节旋钮:有些示波器为了清晰显示刻度增加了照灯;

PROBE ADJUST 机内校准信号:输出峰峰值为 500 mV、频率为 1 kHz 的标准方波信号。校准时将示波器的探头正极接至校准输出,在荧光屏上应显示满足标准参数的方波,否则应报修。在使用示波器之前,必须进行这样的校准。

2. 周期性电压信号的稳定显示

①由于 X 轴偏转板所加的锯齿波为机内产生,而 Y 轴偏转板上加入的被测正弦信号是随机的,如果不加以控制,就易于出现每个锯齿波的起点对应的被测正弦波的相位不一致,波形如图 2 所示。观察者在示波器上看到的波形是滚动的且多个波形交错重叠,无法记录和测量

波形。

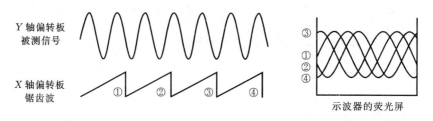

图 2　多个波形交错重叠

②利用被测信号的周期性,在相同初相角时刻,触发 X 轴锯齿波扫描信号,使得被测波形被重叠而稳定地显示,称为同步触发扫描。

在示波器外部面板上,有控制被测信号在适当电压时触发锯齿波产生的电平旋钮,英文标识为 Level,这个电压称为触发电平。由 Level 电压的选择开关控制被测信号是上升或者下降,英文标识为 Slope ⌐/⌐。

因为每发生一次锯齿波扫描,正好显示满一屏,即锯齿波的起点对应被显示信号波形与触发电平的交点,该点处显示为波形的起点,位置在显示屏的最左边;当锯齿波扫描结束时,显示对应波形的终点,位置在显示屏的最右边。

图 3 所示是下降沿与电平相交产生一个锯齿波的一个条件。但仅在①、③、⑤时刻被触发,而在②、④、⑥时刻此前的锯齿波扫描尚未结束,使得被测波形被重叠而稳定地显示。

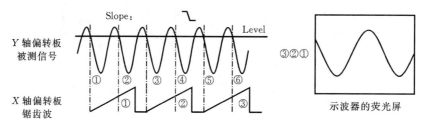

图 3　波形被重叠而稳定地显示

图 4 所示是上升沿与过高的触发电平不相交,所以荧光屏无显示。

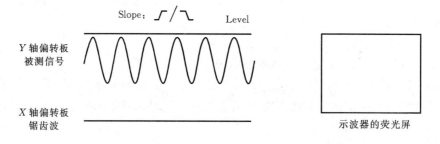

图 4　上升沿与过高的触发电平不相交,荧光屏无显示

③锯齿波扫描频率(扫速开关)的不同,波形显示的周期也不同,因为每发生一次锯齿波扫描,正好显示满一屏,所以锯齿波扫描频率高,波形显示的周期少;反之锯齿波扫描频率低,波

形显示的周期增加。如图 5 所示。

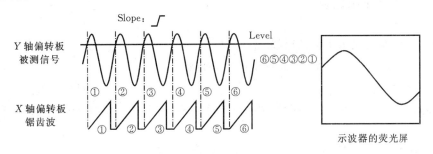

图 5 扫描频率高，波形显示的周期少

④示波器在只有一套电子枪系统的情况下，能同时完成两路被测信号的显示，称为双踪显示。完成双踪显示的方法有两种，即交替显示(ALT)和断续显示(CHOP)。

a. 交替显示。所谓交替显示，就是 Y 轴偏转板上以触发扫描的锯齿波为节拍，交替接通两路被测信号(即先扫描第一通道然后再扫描第一通道)。在交替显示中，负责切换两个通道信号的电子开关，是以锯齿波周期为节拍的。当被测信号频率较低时，肉眼可以看出这种切换，不利于波形的稳定显示。因此应改为断续方式实现双踪显示。

b. 断续显示。在断续方式中，Y 轴偏转板上的负责切换两个通道信号的电子开关，是以一个较高的、固定的频率，频繁地在通道 1 和通道 2 之间切换，以实现对两路信号的同时显示。当被测信号频率很高时，在示波器上就可以看到每条曲线都是断续的，这也不利于观察。因此，被测信号频率很高时，应该采用交替方式实现双踪显示。

3. 示波器探头

被测信号通过示波器探头引入示波器 Y 输入端子。分压系数有 1/1 和 1/10 两挡，当选择 1/10 分压后引入端子，如果输入的是直流或者低频信号，可以采用电阻分压；但如果输入的是方波信号，由于在其上升和下降沿体现出很高频率，故即使是很小的分布电容也会使信号波形发生畸变。为了消除分布电容的影响，经常采用脉冲分压器形式，其原理如图 6 所示。

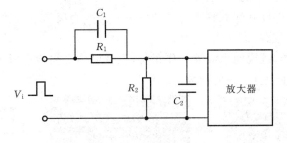

图 6 脉冲分压器原理

对于图 6 中的电路，若放大器的输入阻抗很大，可忽略对分压器的影响，那么，分压器的稳态解为：$\dfrac{R_2}{R_1 + R_2}$，初值为 $\dfrac{C_1}{C_2 + C_1}$，通过参数选择使得稳态解等于初值，$\dfrac{R_2}{R_1 + R_2} = \dfrac{C_1}{C_2 + C_1}$，即 $R_2 C_2 = R_1 C_1$ 时没有过渡过程，也就是说分压输出不会发生畸变。

A.3　示波器使用之初步

1. 开机,让示波器显示 2 条扫描线

打开总电源,按下电源开关,示波器电源指示灯亮。

①辉度旋钮右旋至适中;

②在通道选择模式(MODE 区域)中,将 CH2(NORM/INVERT)开关弹出,即 CH2 不反向;

③将 Y 轴增益开关、X 轴扫速开关中的内圈旋钮右旋到头,可正确读数;

④X 轴扫速开关内圈旋钮不在"拉出"状态,即扫速不乘5;

⑤将触发源选择(TRIGGER SOURCE)置于 CH1,以 CH1 为触发源;

⑥将触发源耦合方式中的两个"按下/弹出"开关置于"弹出"状态,非 TV 状态;

⑦在扫描触发方式(SWEEP MODE)中,按下 AUTO(自动触发);

⑧将通道选择开关置于 ALT 或者 CHOP,将两个通道的输入耦合开关(AC　GND　DC)均置于 GND;

⑨将示波器的扫速开关置于 0.1 ms/DIV,调节 Y 轴位置旋钮,示波器在屏幕上显示出两通道各自的 0 扫描线。

2. 校准信号

将通道 1 和通道 2 两探头的黑线悬空,正极接到校准信号端子(英文标识为 PROBE ADJUST)。将输入耦合开关改为 DC,调整电平旋钮,可在示波器上看到方波显示。

由于校准信号的峰峰值为 500 mV,因此,可以将两个通道的 Y 轴增益开关旋至 0.5 V/DIV;校准信号频率为 1 kHz,可以将 X 轴扫速开关旋至 0.2 ms/DIV。

在屏幕上看到如图 7 所示的显示图形。可以读出:此信号的峰峰值为 1 格,对应读取 Y 轴增益开关为 0.5 V/DIV,可以计算出此信号的峰峰值为 $1 \times 0.5 = 0.5$ V;此信号的周期为 5 格,每格为 0.2 ms,则周期为 1 ms,对应的频率为 1 kHz,这个数值与示波器的标定是一致的。表明此示波器的校准是正确的。

另外,应将聚焦和辉度旋钮调整到合适的位置。图 8 为聚焦不合适的校准信号,图形出现了横向或纵向扩展的问题。

顺利完成上述操作,既说明示波器工作正常,也说明你已初步掌握了使用示波器观察两路被测信号的双踪显示并学会了如何读数。

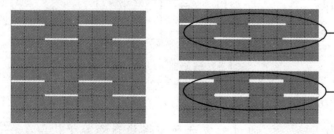

图 7　正确显示的校准信号　　　　图 8　聚焦不合适的校准信号

3. 双踪显示两个信号

信号源输出为正弦波,频率在 10 kHz 左右,输出电压峰值 10 mV,经探头接入 Y 轴 CH1,

将单管放大器(电路如图 9 所示)的输出经探头接入 Y 轴 CH2。

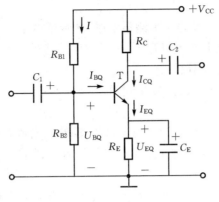

图 9　单管放大电路

①选择 ALT 或者 CHOP,通道 1 的 Y 轴增益开关为 5 mV/DIV,输入耦合开关为 AC;

②为实现在示波器上有显示,将扫描模式开关(SWEEP MODE)置于 AUTO;

③确定触发源为 CH1(在 TRIGGER SOURCE 区域进行选择,按下相应的通道);

④扫速为 20 μs/DIV,从显示图形可以读出,正弦波的周期均为 100 μs 左右;

⑤分别调节 Y 轴位置旋钮,示波器屏幕上显示出两通道各自波形。观察输入与输出之间的相位差。

4. 观察直流电源及其上叠加的纹波

观察在直流电源输出电压上叠加的小信号波形,方法是:将示波器 SWEEP MODE 选择为自动触发,输入耦合开关置于 DC,然后根据 0 电平线读数。

观察直流电源上的纹波,将示波器的输入耦合开关置于 AC,并适当增大 Y 轴增益,就可以看到直流电源上的纹波。观察者一般都可以从重叠波形中粗略读出纹波幅度,并用这个幅度来衡量直流电源的纹波大小。

A.4　示波器使用中的常见问题

示波器使用时的常见问题和处理办法如下。

①黑屏。产生黑屏的原因大致有以下几种:

a.示波器的辉度不合适;

b.示波器没有触发扫描,将触发方式选择为自动触发(Auto)就可以让示波器产生扫描线找到光点。

c.示波器 Y 基线位置(Y_Position)不合适,通过旋转 Y_Position 旋钮,可以很快找回扫描线,而消除黑屏。

d.不合适的被测信号,将输入耦合开关置于 GND,示波器将关断输入信号而显示 0 线。

②将一个峰峰值为 1 V 的正弦波,通过两根电缆线分别接入通道 1 和通道 2,在示波器上读数,通道 1 为峰峰值 1 V,通道 2 却是 0.8 V,应将通道 2 的 Y 轴增益开关内圈旋钮右旋到底。

如果在示波器上读数,通道 1 为峰峰值 1 V,通道 2 却是 0.1 V,应注意带衰减开关的电缆线具有"×1"和"×10"两种选择。当置于"×10"位置时,电缆对输入信号进行 1/10 衰减,导致输入到示波器的信号幅度变为原信号的 1/10。

如果将两个通道的 Y 轴增益均设为测量状态,在示波器上读数,通道 1 为峰峰值 1 V,通道 2 却是 0.85 V,这种情况,几乎可以肯定,是示波器的通道 2 发生了故障,通常是 Y 轴放大器的增益控制出现了问题,应该检修。

③将一个信号源的正弦波输出直接接到示波器的通道 1,却看到一条直线。造成这种现象的主要原因有:

a.信号源本身就是损坏的;信号源存在过量的衰减,输出值太小;信号源的输出线断了;

b.示波器是损坏的;示波器的通道选择错误;示波器的输入耦合开关错误地置于 GND 上;示波器通道 1 的电缆线断了;

将信号源和示波器断开,用示波器的校准信号单独测试示波器,以保证示波器工作良好,然后用替换的方法,按照上述可能的故障,逐步查找即可找到故障所在。

④将探头校准信号引入通道 1,却显示两个光点在屏幕上移动,是扫速不合适引起的。将扫速开关由原先的 0.2 s/DIV 改为 0.5 ms/DIV,显示正常。

A.5　面板上开关和旋钮

双踪模拟示波器如图 10 所示,其面板分为 A、B、C、D 四个区域,下面将分别予以介绍。

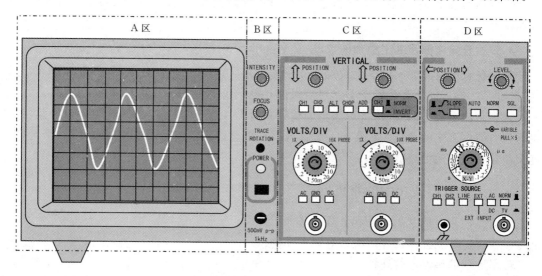

图 10　双踪模型示波器面板示意图

1.A 区、B 区:荧光屏区、电源和电子枪控制区

荧光屏上有刻度,横轴分为 10 个大格,纵轴分为 8 个大格,每大格内又被分为 5 个小格。示波器开关上标注的每格(VOLTS/DIV 或者 SEC/DIV)指的是"大格"。A、B 区按钮说明见表 1。

表 1　A、B区按钮说明

英文标识	中文含义	作用和使用注意
INTENSITY	屏幕辉度调节旋钮	右旋增大辉度，当出现黑屏时，首先检查辉度旋钮
FOCUS	聚焦旋钮	平时不要随意调节
TRACE ROTATION	＊基线旋转调节	需要使用专用工具方可调节。当发现水平基线出现明显倾斜，需通知维修人员调节
POWER	电源开关	含一个电源开关指示灯
PROBE ADJUST	校准输出峰峰值为 500 mV，频率为 1 kHz 的标准方波信号	将示波器的探头正极接至校准输出，在荧光屏上显示满足标准参数的方波，否则，应报修。在使用示波器之前，必须进行这样的校准

＊ 有些示波器为了清晰显示刻度增加了照灯。相应的，在面板上增加了照灯亮度旋钮。

2. C区:Y轴偏转板控制区

C区分为独立的通道1(CH1)、通道2(CH2)部分和共用的 MODE 部分，按钮说明见表2。

表 2　C区按钮说明

英文标识	中文含义	作用和使用注意
POSITION (2个通道各1个)	Y位置旋钮	对本通道信号进行 Y 方向的位置调节，一般用于 0 电平线和荧光屏刻度的对齐
VOLTS/DIV (2个通道各1个)	Y轴增益开关	通过波段开关改变 Y 轴放大器的增益。内圈旋钮用于微调，且只有当内圈旋钮(CAL)右旋至锁定位置(听到"啪嗒"声响)才能按波段单位读数。外圈读数从 5 mV/DIV(每格 5 mV)～20 V/DIV，分为 12 挡。如果探头没有衰减，读取 1× 框住的值，当探头具有 1/10 衰减，读取 10×probe 框住的值。
AC GND DC (2个通道各1组)	输入耦合开关 (3选1开关)	当置于 DC 时，输入信号直接进入 Y 轴放大器中；当置于 AC 时，输入经过隔直电路，进入 Y 轴放大器；当置于 GND 时，输入信号被悬空，Y 轴放大器的输入端接地。
CH1 OR X CH2 OR Y	被测信号输入端	被测信号通过探头引入端子，仅在显示两路信号之间的 X-Y 关系时(将扫速开关 SEC/DIV 置于 X-Y)。通道1表示 X 输入，通道2表示 Y 输入，其余情况下，两个通道完全相同。在这两个输入端，均有 ≤400Vpk 字样，表示端子可以承受峰值为 400 V 以下的电压信号。1 MΩ，30 pF 表示这个输入端的信号端和地线之间，存在 1 MΩ 电阻和 30 pF 电容。对于高输出电阻信号和高频信号，这个参数是不可忽视的

续表 2

英文标识			中文含义	作用和使用注意
MODE区域	CH1	5选1开关	选择通道1	按下此开关,示波器仅显示通道1信号
	CH2		选择通道2	按下此开关,示波器仅显示通道2信号
	ALT		交替方式	按下此开关,示波器以交替方式双踪显示两路信号
	CHOP		断续方式	按下此开关,示波器以断续方式双踪显示两路信号
	ADD		＊相加方式	按下此开关,示波器用单踪显示 CH1 和 CH2 信号的叠加
	CH2 (NORM/ INVERT)	独立	＊通道2极性选择开关	此开关弹出时,为常态状态(NORMAL),通道2的信号极性不改变。此开关按下时(INVERT),通道2的信号被反向。配合 ADD 开关,可以实现两个信号的相减

注:打"＊"号可在学会基本使用方法后,逐步掌握。

3. D区:X 轴偏转板控制区

D 区按钮说明见表 3。

表 3 D 区按钮说明

英文标识			中文含义	作用和使用注意
POSITION			X 轴位置旋钮	旋转此旋钮,可将波形在 X 方向左右移动,一般用于测量时和荧光屏刻度线的对齐或寻找光点
LEVEL			触发电平旋钮	旋转此旋钮,可改变触发电平,以稳定显示波形。
SEC/DIV			扫速选择开关	改变扫描速度,可以将波形展宽或者变窄 外圈从 0.1 μs/DIV(每格 0.1 μs)～0.2 s/DIV,分为 20 挡。内圈为微调旋钮,只有当内圈右旋至锁定位置(听到"啪嗒"声响),才可按外圈读数 PULL×5,当将内圈旋钮拉出,当前扫速增大至 5 倍,或者说实际值变为读数值的 1/5
SWEEP MODE 区域 (触发扫描模式)	AUTO	3选1开关	自动触发选择	按下此开关,为自动触发状态。当触发源信号满足触发条件时产生锯齿波。当无法满足触发条件,则按固定频率产生锯齿波。因此,在自动触发时,电平旋钮仍然可以起作用。只是,当电平旋钮调节得不合适时波形会发生滚动
	NORM		常态触发选择	按下此开关,为常态触发状态。当触发源满足电平触发条件,则示波器产生锯齿波,反之则示波器无扫描线。一般应置于自动触发状态
	SGL		＊单次触发选择	按下此开关,示波器工作于单次触发状态。一般用于波形的拍摄
	SLOPE	独立	＊触发沿选择	"弹出":触发源上升沿与触发电平相交时产生锯齿波;"按下":下降沿与触发电平相交时产生锯齿波

英文标识			中文含义	作用和使用注意
TRIGGER MODE 区域（触发源选择）	CH1	4选1开关	通道 1 为触发源	仅在 ALT 或 CHOP 双踪显示时，按下此开关，示波器将通道 1 信号作为触发源。单踪显示时与此开关无关，示波器默认显示通道为触发源
	CH2		通道 2 为触发源	仅在 ALT 或者 CHOP，即双踪显示时，此开关按下，示波器将通道 2 信号作为触发源。单踪显示时与此开关无关，示波器默认显示通道为触发源
	LINE		＊线电压为触发源	无论单踪还是双踪显示，按下此开关，示波器将交流电源输入作为触发源
	EXT		＊外部触发	无论单踪还是双踪显示，按下此开关，示波器将 EXT INPUT 端子的外信号作为触发源
COUPLING 区域（触发源耦合方式）	AC/DC		＊触发源耦合方式开关	"按下"为 DC，直接进入触发电路；"弹出"为 AC，被选择的触发源经过隔直后进入触发电路
	NORM/TV		＊触发源耦合状态开关	仅在观察电视信号时，按下此开关，进入 TV 状态
EXT INPUT			＊外部触发信号端子	当选择外部触发（TRIGGER SOURCE 中，选择 EXT）时，此端子引入的信号作为触发源

注：打"＊"号的内容可在学会基本使用方法后，逐步掌握。

附录 B　函数信号发生器

B. 1　信号发生器概述

1. 信号发生器的类型

信号发生器是能够发生电信号的仪器。按输出波形可分为正弦波信号发生器、脉冲信号发生器、函数信号发生器、噪声信号发生器等；按输出频率可分为超低频信号发生器、低频信号发生器、视频信号发生器、高频信号发生器、甚高频信号发生器、超高频信号发生器。

2. 函数信号发生器

函数信号发生器能够产生多种函数波形信号，如正弦波、方波、三角波、锯齿波等，使用方便。一般信号发生器还具有数字频率计、计数器和电压显示的功能。实验室使用的 YB1602P 功率函数发生器除上述功能外，还可以输出功率、调频和扫频。

B. 2　YB1602P 型函数信号发生器

YB1602P 型函数信号发生器外观如图 11 所示。三种波形发生电路产生的波形经过函数选择电路选取一种，然后调节波形的频率、幅度、占空比后输出。

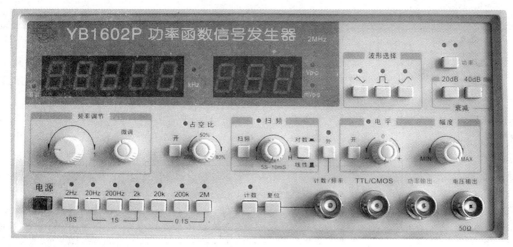

图 11　YB1602P 功率函数信号发生器

1. YB1602P 型函数发生器技术指标

(1)电压输出

①频率范围:0.2 Hz～2 MHz,按十进制分成 7 挡,每挡可根据 0.1 ～ 1 的调整率进行频率粗调,也可以进行频率微调。

②输出波形:正弦波、方波、三角波、脉冲波、斜波、50 Hz 正弦波。

③输出阻抗:函数输出 50 Ω,TTL/CMOS 输出 600 Ω。

④输出信号类型:单频信号、调频信号、扫频信号。

⑤扫频类型:线性、对数扫描方式,扫频速率为 5 s ～ 10 ms。

⑥外调频电压:电压范围 0 ～ 3 V(峰峰值),外调频频率为 10 Hz ～ 20 kHz。

⑦输出电压幅度:函数输出时,负载为 1 MΩ 时的输出电压幅度为 20 V(峰峰值),负载为 50 Ω 时的输出电压幅度为 10 V(峰峰值);TTL/CMOS 输出时,"0"时输出电压幅度小于等于 0.6 V,"1"时输出电压幅度大于等于 2.8 V。

⑧输出保护:短路,抗输入电压:±35V(1 分钟)。

⑨正弦波失真度:采用数字合成技术产生的正弦波存在波形失真,其失真度既与正弦函数一个周期内的转换点数有关,也与 D/A 转换器的字长有关。对于 YB1602P 型函数发生器,当频率小于等于 100 kHz 时,正弦波失真度为 2%;当频率大于 100 kHz 时,正弦波失真度为 30 dB。

⑩三角波线性:当频率小于等于 100 kHz 时,三角波线性为 98%;当频率大于 100 kHz 时,三角波线性为 95%。

⑪频率响应:±0.5 dB。

⑫占空比调节:20% ～ 80%。

⑬方波上升时间:幅值为 5 V(峰峰值),频率为 1 MHz 的方波,其上升时间为 100 ns。

(2)频率计数

①测量精度:5 位±1% ±1 个字,其中"±1 个字"显示最后一位误差为 1。这里多少个字所表示的误差值是数字仪表在给定量限下的分辨力的多少倍,即末位一个字所代表的被测量量值的多少倍。

②分辨率:0.1 Hz。

③外测频范围:1 Hz ～ 10 MHz。

④外测频灵敏度:100 mV。

⑤计数范围:五位(99999)。

(3)功率输出

①频率范围(3 dB 带宽):20 kHz,共分为 5 挡。

②输出电压:峰峰值为 35 V,输出功率大于等于 10 W。

③直流电平偏移范围:+15V ～ -15V。

④输出负载阻抗:输出电压小于等于 35 V(峰峰值)时,输出正弦波、三角波的负载阻抗为 15 Ω,输出方波的负载阻抗为 30 Ω;输出电压小于等于 30 V(峰峰值)时,输出正弦波、三角波的负载阻抗为 10 Ω,输出方波的负载阻抗为 16 Ω;输出电压小于等于 25 V(峰峰值)时,输出正弦波、三角波的负载阻抗为 8 Ω,输出方波的负载阻抗为 10 Ω;输出电压小于等于 20 V(峰峰值)时,输出正弦波、三角波的负载阻抗为 8 Ω,输出方波的负载阻抗为 8 Ω。

⑤输出过载指示:指示灯亮。

(4)幅度显示

显示位数为三位;显示单位为 V(峰峰值)或 mV(峰峰值);显示误差为 ±15％ ±1 个字;负载电阻为 1 MΩ 时,显示数值直接读取,负载电阻为 50 Ω 时,读数除以 2;分辨率为 1 mV(峰峰值)(40 dB)。

(5)电源

电压为 220±10％ V;频率为 50±5％ Hz;视在功率约为 10V · A。

2. YB1602P 面板上的基本控制开关和旋钮

①电源开关。将电源开关按键弹出(即为"关"位置),将电源线接入,按电源开关,接通电源。

②LED 显示窗口。此窗口只输出信号的频率,当"外测"开关按下,显示外测信号的频率。如超出测量范围,溢出指示灯亮。

③频率调节旋钮。调节此旋钮改变输出信号频率,顺时针旋转,频率增大,逆时针旋转,频率减小,微调旋钮可以微调频率。

④占空比。包括占空比开关和占空比调节旋钮,将占空比开关按下,占空比指示灯亮,调节占空比旋钮,可改变波形的占空比。

⑤波形选择开关。按波形对应键,可选择需要的波形。

⑥衰减开关。电压输出衰减开关的二挡开关组合衰减为 20、40、60 dB。

⑦计数、复位开关。按计数键,LED 显示开始计数,按复位键,LED 显示为 0。

⑧计数/频率端口。计数、外测频率输入端口。

⑨电平调节。按下电平调节开关,电平指示灯亮,此时调节电平调节旋钮,可改变直流偏置电平。

⑩幅度调节旋钮。顺时针调节此旋钮,增大电压输出幅度。逆时针调节此旋钮可减小电压输出幅度。

⑪电压输出端口。

⑫TTL/CMOS 输出端口。由此端口输出 TTL/CMOS 信号。

⑬功率输出端口。输出功率。

⑭扫频。按下扫频开关,电压输出端口输出信号为扫频信号;调节速率旋钮,可改变扫频速率;改变线性/对数开关可产生线性扫频和对数扫频。

⑮电压输出指示。3 位 LED 显示输出电压值,输出接 50 Ω 负载时应将读数除以 2。

3. YB1602P 基本操作方法

打开电源开关之前,首先检查输入的电压,将电源线接入电源插孔。各控制键:电源、衰减开关、外测频、电平、扫频、占空比均为弹出状态。

函数信号发生器默认输出 10 kHz 挡正弦波,LED 显示窗口本机输出信号频率。

(1)三角波、方波、正弦波产生

①将电压输出信号由幅度端口通过连接线送入示波器 Y 输入端口。

②将波形选择开关分别按在正弦波、方波、三角波,此时示波器屏幕上将分别显示正弦波、方波、三角波。

③改变频率选择开关状态,示波器显示的波形以及 LED 窗口显示的频率将发生明显变化。

④幅度旋钮顺时针旋转至最大,示波器显示的波形幅度将≥20V(峰峰值)。

⑤将电平开关按下,顺时针旋转旋钮至最大,示波器波形向上移动;逆时针旋转旋钮,示波器波形向下移动,最大变化量±10 V 以上。如信号幅度超过±10 V 或±5 V(50Ω),则会被限幅。

⑥按下衰减开关,输出波形将被衰减。

(2)计数、复位

①按复位键,LED 显示全为 0。

②按计数键,计数/频率输入端输入信号时,LED 显示开始计数。

(3)斜波产生

①波形开关置"三角波"。

②占空比开关按下,指示灯亮。

③调节占空比旋钮,三角波将变成斜波。

(4)外测频率

①按下外测开关,外测频指示灯亮。

②外测信号由计数/频率输入端输入。

③选择适当的频率范围,由高向低选择合适的量程,确保测量精度。若有溢出指示,则将量程提高一挡。

(5)TTL 输出

①TTL/CMOS 端口接示波器 Y 输入端(DC 输入)。

②示波器将显示方波或者脉冲波。该输出端可作为 TTL/CMOS 数字电路实验的时钟信号源。

(6)扫频

①按下扫频开关,此时幅度输出端口的输出为扫频信号。

②线性/对数开关,在扫频状态下弹出时为线性扫频,按下时为对数扫频。

③调节扫频旋钮,可改变扫频速率,顺时针调节,增大扫频速率,逆时针调节,减慢扫频

速率。

（7）功率输出

按下功率按键，左上侧指示灯亮，功率输出端口有信号输出，改变幅度电位器，输出幅度随之改变，当输出过载时，右侧指示灯亮。

附录 C　晶体管毫伏表

毫伏表又叫电子电压表，专门用于测量交流电压的大小，其特点是：

①灵敏度高：可以测量毫伏级的电压；

②测量频率范围宽：上限可达数百千赫兹；

③输入阻抗高：一般毫伏表的输入阻抗可达几百千欧至几兆欧。输入阻抗越高，对被测电路的影响越小。

以 YB2172 型毫伏表为例，外观如图 12 所示。

1. YB2172 毫伏表的技术指标

（1）使用特性

①电压测量范围：100 μV ～ 300 V，共 12 挡；量程 1mV、3mV、10mV、30mV、100mV、300mV、1V、3V、10V、30V、100V、300V。

②频率范围：5 Hz ～ 2 MHz

（2）性能指标

①量程：－60 ～ ＋50 dB。

②电压误差：1 kHz 为基准，满度小于等于 1±3％。

③频率响应：20 Hz ～ 200 kHz 时，小于等于±3％；5～20 Hz 和 200 kHz ～ 2 MHz 时，小于等于±10％。

图 12　YB2172 毫伏表

④输入阻抗：1 MΩ；输入电容：50 pF。

⑤最大输入电压（直流/交流峰值）：100 μV ～ 1 V 量程时，最大输入电压为 300 V；3 ～ 300 V 量程时，最大输入电压为 900 V。

⑥输出电压：0.1V±10％，1 kHz。

⑦电源电压：220 V，50 Hz。

2. YB2172 毫伏表的使用

（1）使用之前的检查步骤

①检查表针。检查表针是否指在机械零点，如有偏差，请将其调至机械零点。

②检查量程。检查量程旋钮是否指在最大量程处（YB2172 应指在 300 V 处），如有偏差，请将其调至最大量程。

③检查电压：

a.在接通电源之前应检查电源电压，接至交流 220 V。

b.确保所用的保险丝是指定型号。

（2）基本使用方法

①设定各个控制键。

电源开关:电源开关键弹出;

表头机械零点:调至零点。

量程旋钮:设定最大量程处。

②将输入信号由输入端口送入交流毫伏表。

③调节量程旋钮,使表头指针位置在大于或等于满度的 1/3 处。

④将交流毫伏表的输出通过探头送入示波器的输入端,当表针指示位于满刻度时,其输出应满足指标。

(3)dB 量程的使用

①刻度值:

表头有两种刻度:a.1V 作为 0dB;b.0.755 作为 0dBm(1 mW,600 Ω)。

②dB 量程:

"Bel"是一个表示两个功率比值的对数单位,1 dB $=1/10$ Bel。

dB 定义如下:dB $= 10 \lg(P_2/P_1)$。如功率 P_2、P_1 的阻抗是相等的,则其比值也可以表示为:dB $= 20 \lg(E_2/E_1) = 20 \lg(I_2/I_1)$。

dB 原是作为功率的比值,不过其他值(例如电压的比值或电流的比值)的对数,也可以用"dB"表示。例如:当输入电压幅度为 30 mV,输出电压为 3 V 时,其放大倍数是:3V/30mV $=$ 100 倍;也可以 dB 表示如下:放大倍数 $= 20 \lg(3V/30mV) = 40$ dB。

dBm 是 dB(mW)的缩写,它表示功率与 1 mW 的比值,通常"dBm"表示一个 600Ω 的阻抗所产生的功率,因此可认为:1dBm 对应 1mW 或者 0.755 V 或 1.291 mA。

③功率或电压的电平由表面读出的刻度值与量程开关所在的位置相加决定。

例:　　　刻度值　　　量程　　电平

$(-1dB)+(+20dB) = +19dB$

$(+2dB)+(+10dB) = +12dB$

3. YB2172 毫伏表使用注意事项

①避免过冷或过热。不可将交流毫伏表长期暴露在日光下或接近热源的地方。不可在寒冷天气放在室外使用。仪器工作温度为 0～40℃。

②避免炎热与寒冷环境的交替。不可将交流毫伏表从炎热的环境中突然转到寒冷的环境或相反进行,这将导致仪器内部形成凝结水。

③避免水分和灰尘。如果将交流毫伏表放在湿度大或灰尘多的地方,可能导致仪器操作出现故障,最佳使用相对湿度范围 35%～90%。

④避免通风孔堵塞。不可将物体放置在交流毫伏表上,不可将导线或针插进通风孔。

⑤避免外部伤害。仪器不可遭到强烈的撞击;不可用连接线拖拽仪器;不可将烙铁放置在仪器框架或表面上。避免长期倒置存放和运输;不可将磁铁靠近表头。

附录 D　晶体管特性图示仪

1. 晶体管特性图示仪的工作原理

晶体管测量仪器是以通用电子测量仪器为技术基础,以半导体器件为测量对象的电子仪器。可用于测试晶体三极管（NPN 型和 PNP 型）共发射极、共基极电路的输入特性、输出特性；测试各种反向饱和电流和击穿电压；还可以测量场效管、稳压管、二极管、单结晶体管、可控硅等器件的各种参数。

　　XJ4810 型晶体管特性图示仪主要由下列几个部分组成：Y 轴放大器及 X 轴放大器；阶梯信号发生器；集电极扫描发生器；主电源及高压电源部分。其中，阶梯信号和集电极扫描信号产生的工作原理如图 13(a)所示。狭脉冲信号送入计数器形成循环的阶梯电压，经由电压–电流转换器变为阶梯电流，接至晶体管的基极。保持被测三极管的基极电流 i_b 为某个固定不变的值，以集电极电压 u_{ce} 作为变量，从 0 逐渐增大，逐点记录集电极电流 i_c 的值，绘出 u_{ce} 和 i_c 关系曲线，得到在此 i_b 条件下的一条输出特性曲线；然后改变 i_b 值，重复以上的操作，可绘出另一 i_b 条件下的输出特性曲线。

　　图 13(b)显示了基极阶梯电流信号与集电极扫描电压信号之间的对应关系。

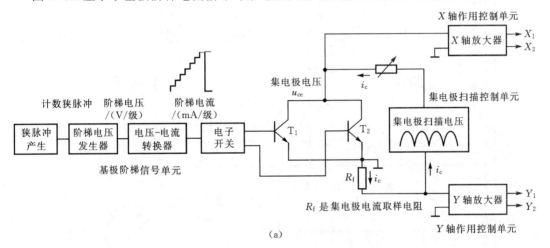

(a)

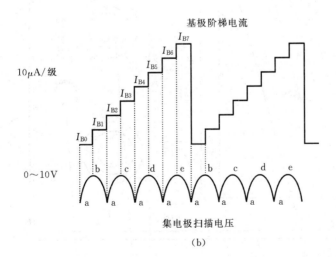

(b)

（a）阶梯信号和集电极扫描信号产生原理；（b）基极阶梯电流信号与集电极扫描电压信号之间的对应关系

图 13　XJ4810 型晶体管特性图示仪工作原理图

2. XJ4810 型晶体管特性图示仪面板功能介绍

XJ4810 型晶体管特性图示仪面板如图 14 所示,正面仪表板按键为 1—28 键,测试台按键为 30—36 键,右侧板按键为 37—40 键。

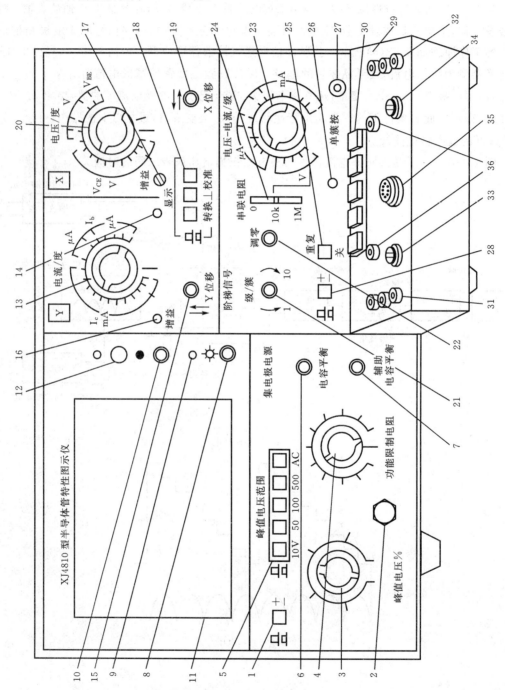

图 14　XJ4810 型半导体管特性图示仪

正面仪表板

①集电极电源极性按钮，弹起为"＋"，按下为"－"。

②集电极峰值电压保险丝：1.5 A。

③峰值电压：峰值电压可在 0～10 V、0～50 V、0～100 V、0～500 V 之内连续可调，面板上的标称值是近似值，参考用。

④功耗限制电阻：串联在被测管的集电极电路中，限制超过功耗，亦可作为被测半导体管集电极的负载电阻。

⑤峰值电压范围：分 0～10 V/5A、0～50 V/1A、0～100 V/0.5A、0～500 V/0.1A 四挡。当由低挡改换高挡观察半导体管的特性时，须先将峰值电压旋钮调到零值，换挡后再按需要的电压逐渐增加，否则会使被测晶体管击穿。AC 挡专为二极管或其他元件的测试提供双向扫描，以便能同时显示器件正反向的特性曲线。

⑥电容平衡：由于集电极电流输出端对地存在各种杂散电容，都将形成电容性电流，因而在电流取样电阻上产生电压降，造成测量误差。为了尽量减小电容性电流，测试前应调节电容平衡，使容性电流减至最小。

⑦辅助电容平衡：是针对集电极变压器次级绕组对地电容的不对称，而再次进行电容平衡调节。

⑧电源开关及辉度调节：旋钮拉出，接通仪器电源，旋转旋钮可以改变示波管光点亮度。

⑨电源指示：接通电源时灯亮。

⑩聚焦旋钮：调节旋钮可改变光迹清晰度。

⑪荧光屏幕：示波管屏幕，外有坐标刻度片。

⑫辅助聚焦：与聚焦旋钮配合使用。

⑬Y 轴选择（电流/度）开关：具有 22 挡、四种偏转功能的开关，可以进行集电极电流、基极电压、基极电流和外接的不同转换。

⑭电流/度×0.1 倍率指示灯：灯亮时，仪器进入电流/度×0.1 倍工作状态。

⑮垂直移位及电流/度倍率开关：调节迹线在垂直方向的移位。旋钮拉出，放大器增益扩大 10 倍，电流/度各挡 I_C 标值×0.1，同时指示灯 14 亮。

⑯Y 轴增益：校正 Y 轴增益。

⑰X 轴增益：校正 X 轴增益。

⑱显示开关：分转换、接地、校准三挡，其作用是：

转换：使图像在 Ⅰ、Ⅲ 象限内相互转换，便于由 NPN 管转测 PNP 管时简化测试操作。

接地：放大器输入接地，表示输入为零的基准点。

校准：按下校准键，光点在 X、Y 轴方向移动的距离刚好为 10 度，以达到 10 度校正目的。

⑲X 轴移位：调节光迹在水平方向的移位。

⑳X 轴选择（电压/度）开关：可以进行集电极电压、基极电流、基极电压和外接四种功能的转换，共 17 挡。

㉑"级/簇"调节：在 0～10 的范围内可连续调节阶梯信号的级数。

㉒调零旋钮：测试前，应首先调整阶梯信号的起始级零电平的位置。当荧光屏上已观察到基极阶梯信号后，按下测试台㉙上选择按键"零电压"，观察光点停留在荧光屏上的位置，复位后调节调零旋钮，使阶梯信号的起始级光点仍在该处，这样阶梯信号的零电位即被准确校正。

㉓阶梯信号选择开关：可以调节每级电流大小，作为测试各种特性曲线的基极信号源，共22挡。一般选用基极电流/级，当测试场效应管时选用基极源电压/级。

㉔串联电阻开关：当阶梯信号选择开关置于电压/级的位置时，串联电阻将串联在被测管的输入电路中。

㉕重复/关按键：弹出为重复，阶梯信号重复出现；按下为关，阶梯信号处于待触发状态。

㉖阶梯信号待触发指示灯：重复按键按下时灯亮，阶梯信号进入待触发状态。

㉗单簇按键开关：单簇的按动的作用是使预先调整好的电压（电流）/级，出现一次阶梯信号后回到等待触发位置，可利用其瞬间作用的特性来观察被测管的各种极限特性。

㉘极性按键：极性的选择取决于被测管的特性。

仪器测试台

图14中标号29为测试台，其面板如图15所示。

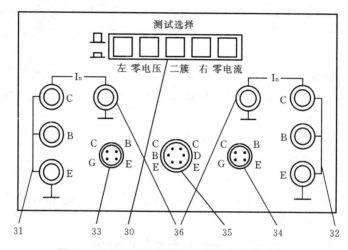

图15 XJ4810型半导体管特性图示仪测试台

㉚测试选择按键。

a.“左”、“右”、“二簇”：可以在测试时任选左右两个被测管的特性，当置于“二簇”时，可通过电子开关自动地交替显示左右二簇特性曲线，此时“级/簇”应置适当位置，以利于观察。二簇特性曲线比较时，请不要误按单簇按键。

b.“零电压”键：按下此键用于调整阶梯信号的起始级零电平的位置，见㉒项。

c.“零电流”键：按下此键时被测管的基极处于开路状态，即能测量 I_{CEO} 特性。

㉛、㉜左、右测试插孔：插上专用插座（随机附件），可测试 F_1、F_2 型管座的功率晶体管。

㉝～㉟晶体管测试插座。

㊱二极管反向漏电流专用插孔（接地端）。

仪器右侧板

在仪器右侧板上分布有图16所示的旋钮和端子。

㊲二簇移位旋钮：在二簇显示时，可改变右簇曲线的位置，更方便于配对晶体管各种参数的比较。

㊳ Y 轴信号输入：Y 轴选择开关置外接时，Y 轴信号由此插座输入。

㊴ X 轴信号输入：X 轴选择开关置外接时，X 轴信号由此插座输入。

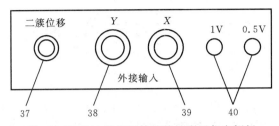

图 16 XJ4810 型半导体管特性图示仪右侧板

○40校准信号输出端 1 V、0.5 V 校准信号由此二孔输出。

3. 测试前注意事项

为保证仪器的合理使用,既不损坏被测晶体管,也不损坏仪器内部线路,在使用仪器前应注意下列事项:

①对被测管的主要直流参数应有一个大概的了解和估计,特别要了解被测管的集电极最大允许耗散功率 P_{CM}、最大允许电流 I_{CM} 和击穿电压 $U_{(BR)EBO}$、$U_{(BR)CBO}$。

②选择好扫描和阶梯信号的极性,以适应不同管型和测试项目的需要。

③根据所测参数或被测管允许的集电极电压,选择合适的扫描电压范围。一般情况下,应先将峰值电压调至零,更改扫描电压范围时,也应先将峰值电压调至零。选择一定的功耗电阻,测试反向特性时,功耗电阻要选大一些,同时将 X、Y 偏转开关置于合适挡位。测试时扫描电压应从零逐步调节到需要值。

④对被测管性能参数进行必要的估算,以选择合适的阶梯电流或阶梯电压,一般宜从小根据需要逐步加大。测试时不应超过被测管的集电极最大允许功耗。

⑤在进行 I_{CM} 的测试时,一般采用单簇为宜,以免损坏被测管。

⑥在进行 I_C 或 I_{CM} 的测试中,应根据集电极电压的实际情况选择,不应超过本仪器规定的最大电流,见表 4。

⑦进行高压测试时,应特别注意安全,电压应从零逐步调节到需要值。观察完毕,应及时将峰值电压调到零。

表 4 最大电流对照表

电压范围/V	0~10	0~50	0~100	0~500
允许最大电流/A	5	1	0.5	0.1

4. 基本操作步骤

①按下电源开关,指示灯亮,预热 15 分钟后可进行测试。

②调节辉度、聚焦及辅助聚焦,使光点清晰。

③将峰值电压旋钮调至零,峰值电压范围、极性、功耗电阻等开关置于测试所需位置。

④对 X、Y 轴放大器进行 10 度校准。

⑤调节阶梯起始级零电平位置。

⑥选择需要的基极阶梯信号,将极性、串联电阻置于合适挡位,调节级/簇旋钮,使阶梯信号为 10 级/簇,阶梯信号置重复位置。

⑦插入被测晶体管,缓慢地增大峰值电压,荧光屏上即有曲线显示。

附录E　万用板(面包板)

1. 万用板的构造

万用板(集成电路实验板,可称面包板)是电路实验中一种常用的具有多孔插座的插件板,在进行电路实验时,可以根据电路连接要求,在相应孔内插入电子元器件的引脚以及导线等,使其与孔内弹性接触簧片接触,连接成所需的实验电路。

图17为万用板结构示意图:

①中间部分有上下共10行、64列,纵数5个插孔为1组,一般用来放置元器件;

②四周的插孔也是以5个插孔为1组,一般用来连接电源和地;

③每1组的5个插孔下面都有1条金属簧片,因此插入这5个孔内的导线就被金属簧片连接在一起。簧片之间在电气上彼此绝缘;

④插孔间及簧片间的距离均与双列直插式(DIP)集成电路管脚的标准间距2.54 mm相同,因而适于插入各种数字集成电路。

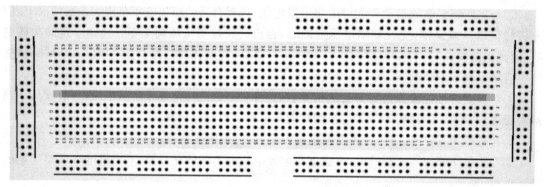

图17　万用板结构示意图

2. 万用板使用注意事项

①插入万用板孔内引脚或导线铜芯直径为0.4~0.6 mm,即比大头针的直径略微小一点。元器件引脚或导线头要沿与万用板的板面垂直的方向插入方孔,应能感觉到有轻微、均匀的摩擦阻力。在万用板倒置时,元器件应能被簧片夹住而不脱落。

②元器件应横向放置,以免两个管脚放置在同一电位上;

③如果元器件为双列管脚,应以万用板中间凹槽为界,将两列管脚分别插入万用板的上下两部分;

④如需连接两个元件,可将导线插入要连接的管脚所对应的等电位插孔中,同一插孔中不能插入多根导线。

附录 F　CPLD 应用设计平台

在数字电子技术基础教学中引入复杂可编程逻辑器件,使学生掌握如何采用软件编程完成数字系统的硬件设计,是符合当前科技发展的趋势的,因为它的设计比纯硬件的数字电路更具灵活性,具有易于修改、可靠性高和保密性强等特点,有利于引导学生使用先进的数字系统设计手段,深化学习思路,激发创新思维。

为了更好地组织教学,西安交通大学城市学院自行研制开发了 CPLD 应用设计平台。该平台可划分为六个模块,分别为:电源模块、CPLD 模块、译码和数码显示模块、逻辑开关模块、555 信号源模块和 LED 模块。

1. 电源模块

该模块为 CPLD 平台供电,它采用单相供电,稳压输出为直流 5 V,原理图如图 18 所示。输入电压经接线端子 J13 接入,通过 220V—8V 变压器,经整流桥转换为直流后通过 7805 输出 +5 V,为整个平台供电。

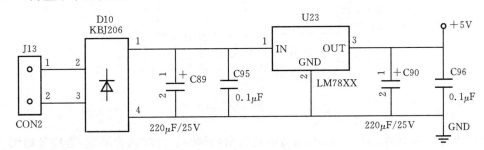

图 18　电源模块原理图

2. CPLD 模块

该平台选用 Altera 公司 CPLD 芯片 EMP7064S TC44 - 10,采用 JTAG 接口调试。
(1)CPLD 简介
本设计采用 Altera 公司 TQFP 封装的 EMP7064S TC44 - 10,其引脚排列如图 19 所示。

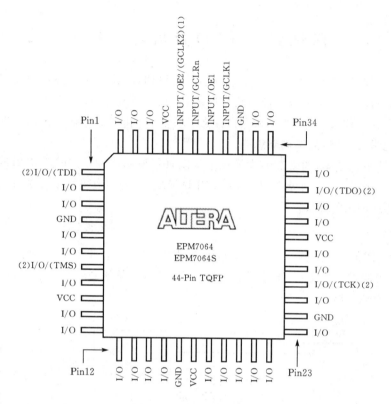

图 19　CPLD 引脚排列图

为了便于实验接线,整个 CPLD 的管脚被引出,封装成 40 脚的直插型,管脚号如图 20 所示。图上标注的数字为插槽对应 CPLD 芯片的管脚号。电路图如图 21 所示。

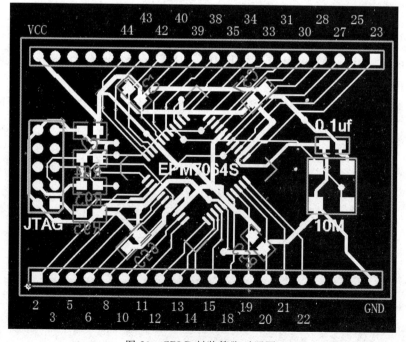

图 20　CPLD 封装管脚对照图

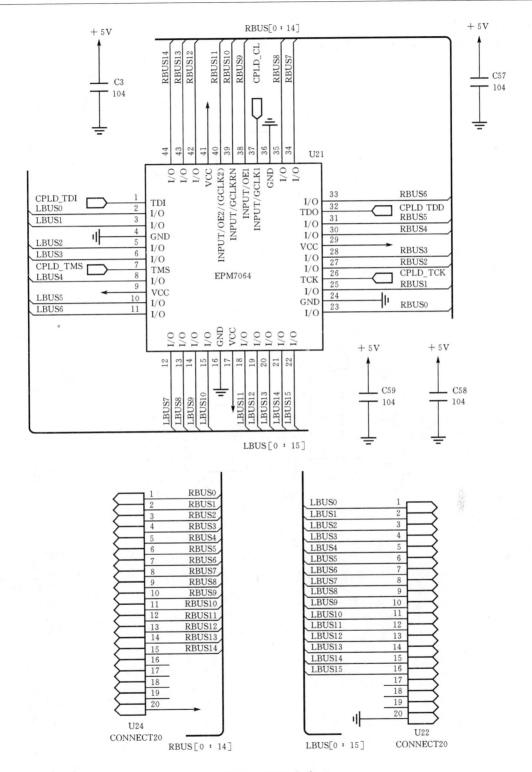

图 21　CPLD 电路

（2）外部晶振和 JTAG 调试接口

外部晶振和 JTAG 调试接口电路如图 22 所示。

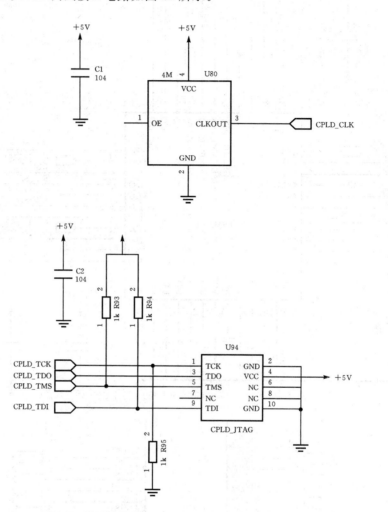

图 22　外部晶振和 JTAG 调试接口电路

3.译码和数码显示模块

该模块设计有 4 位十进制显示,采用共阳极数码管,用 74LS47 译码和驱动,原理图如图 23 所示。

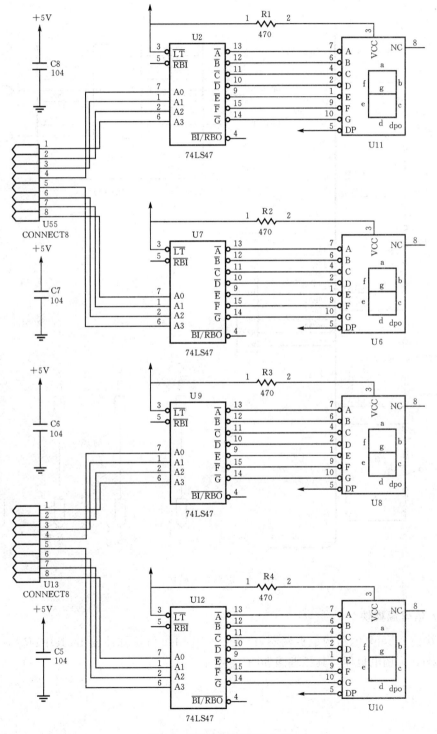

图 23　译码和数码显示电路

4. 逻辑开关模块

逻辑开关模块采用集成 RS 触发器 74LS279 消抖并提供逻辑电平或脉冲信号,原理图如图 24 所示。

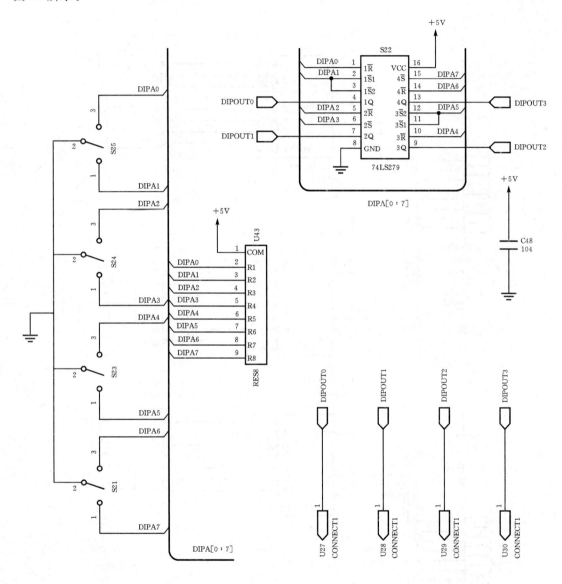

图 24　逻辑开关模块

5. 555 信号源模块

该模块由 NE555 电路构成振荡器,产生 $1\sim 10$ kHz 可调脉冲输出,其中: $RA=10$ kHz, $RB=50$ kHz(可调电位器),其原理图如图 25 所示。

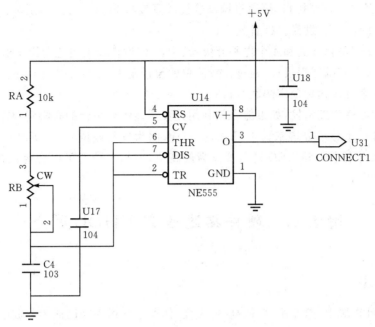

图 25　555 信号源电路

6. LED 模块

4 位 LED 灯在低电平时被点亮,其原理图如图 26 所示。

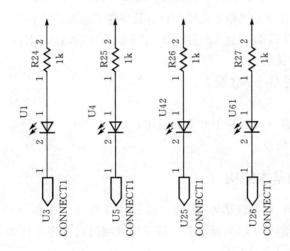

图 26　LED 显示电路

7. 使用注意事项

①频率范围:在本平台上,由于采用 5G555 集成块搭建简易信号源,使用频率范围为 1～10 kHz;

②显示模块设计有 4 位十进制数码管显示,即范围为 0000～9999;

③选用 Altera 公司 TQFP 封装的 EMP7064S TC44 – 10。整个 CPLD 的管脚被引出,封装成 44 脚的直插型,方便调换;

④设计有 JTAG 调试接口,可通过调试连接线直接与 PC 机相连,方便调试与程序下载;

⑤设计有 4 个 LED 发光二极管显示;

⑥设计有 4 个逻辑开关和 4 个电平开关;其中,4 位逻辑开关更适合用于键盘;

数字电子技术基础课程设计,通过比较简单的设计范例,引导学生逐步掌握先进的数字系统设计手段,完全可以达到预定的教学目的。

另外,从学习的角度出发,如果能合理利用并灵活地组合平台的有限资源还能进行功能扩展。例如:设计一个显示分辨率为 1 Hz 的频率计,因为仅有四位显示,所以频率范围为 0000～9999Hz,但如果再将一位 LED 显示管作为最高位,该频率计就可以变为四位半显示,范围为 00000～19999 Hz。

附录 G　硬件描述语言 VHDL 简介

G.1　概述

在电子设计领域中,速度快、性能高、容量大、体积小和微功耗已成为集成电路设计的主要发展方向,传统的硬件电路设计方法已经不能满足需要,因此,大规模高密度可编程逻辑器件和硬件描述语言 VHDL 就成为解决问题的关键。

VHDL 的英文全称为 Very High Speed Integrated Circuit Hardware Description Language,是符合美国电气和电子工程师协会标准(IEEE－1076)的"超高速集成电路硬件描述语言",它以用一种形象化的方法来描述数字电路和设计数字逻辑系统。随着各种 EDA 工具和集成电路厂商的普遍认同和推广,VHDL 已广泛应用于电子系统设计领域。VHDL 语言的主要优点是:

①功能强大、设计灵活;

②具有强大的硬件系统描述能力;

③移植能力强;

④VHDL 语法规范、标准,易于共享和复用;

⑤支持广泛,易于修改。

G.2　VHDL 的基本结构

一个完整的 VHDL 程序包括库、实体和结构体 3 部分。下面用一个简单的例子来介绍 VHDL 的基本结构。输入为 a,b,输出为 c 的二输入与门的程序设计如下:

例 1　二输入与门的程序设计。

library ieee;　　//调用 ieee 库,library 为调用指令,ieee 是按国际 ieee 组织制定的工业标准进行编写的标准资源库。所有 VHDL 程序都以调用库指令开始

use ieee. std_logic_1164. all;　　//调用 ieee 库中的 std_logic_1164. all 程序包,包含常用的数据类型和函数的定义、各种类型转换函数及逻辑运算

库

entity and_gate **is**	//首先描述元件的外形,相当于绘制元件符号,元件名称即实体名为 and_gate,实体描述指令为 entity,该 VHDL 的存储文件名为 and_gate. vhd
port(a:in std_logic; 　　　b:in std_logic; 　　　c:out std_logic);	//此与门共有 3 个端口:a,b,c;a,b 的端口方式为输入 in,q 的端口方式为输出 out;a,b,c 的端口类型都是 std_logic 数据类型
end and_gate;	//元件符号绘制完成,结束实体描述

└──实体

architecture behave **of** and_gate **is**	//实体 and_gate 的行为描述,即说明此二输入与门的功能,结构体描述的指令为 **architecture**
begin	//结构体描述开始
c$<=$a and b;	//输入 a 和 b 相与得到 c,信号赋值使用"$<=$",表示有一定延迟才生效
end behave;	//结束结构体的行为描述

└──结构体

下面对本例进行说明,通过说明介绍 VHDL 程序的一般结构。

(1)程序的开始使用指令 **library** 调用 ieee 库中的 std_logic_1164. all 程序包。库的语法格式为:

library 库名;

use 库名. 程序包名. 项目名;

库(library)是用 VHDL 语言编写的源程序及其通过编译的数据集合,它存放的是实体、结构体、程序包和配置说明等,包括用于分析、仿真和综合的中间文件。设计者使用 VHDL 设计硬件电路可以引用相关的库,共享已经编译过的信息。VHDL 的库大致可分为五种:ieee 库、std 库、面向 asic 的库、work 库和用户自定义库。

①ieee 库。ieee 库是按 ieee 标准进行编写的标准资源库,也是最常用的资源库,其中常用的程序包有:

std_logic_1164 程序包:包含常用的数据类型和函数的定义、各种类型转换函数及逻辑运算;

std_logic_arith 程序包:在 std_logic_1164 程序包的基础上定义了无符号数(unsigned)、有符号数(signed)数据类型,并为其定义了相应的算术运算、比较,以及它们与整数(integer)之间的转换函数;

std_logic_unsigned 程序包和 std_logic_signed 程序包:定义了不同数据类型混合运算的运算符。

一般基于 FPGA/CPLD 的开发,ieee 库中的这 4 个程序包已经足够使用。

②std 库。std 库是标准库,主要包含两个程序包:

standard 标准程序包:定义了基本数据类型、子类型和函数及各种类型的转换函数等,实际应用中已隐性打开,不需要 **use** 语句另作说明;

textio 文本程序包:定义了支持文本文件操作的许多类型和子类型等。

③面向 asic 的库——vital 库,为门级时序仿真而提供的面向 asic 设计的逻辑门库,一般

在 VHDL 程序进行时序仿真时使用,用 vital 库可以提高仿真精度。主要包含两个程序包:

vital_timing 程序包:时序仿真程序包;

vital_primitives 程序包:基本单元程序包。

④work 库。在没有特别说明的情况下,设计人员设计的 VHDL 程序的编译结果都存放在 work 库中。

⑤自定义库。设计者自己定义的库。

(2)VHDL 程序的第二部分是实体。实体主要用来说明实体的外部特征,描述一个设计单元的外部接口及连接信号的类型和方向,在电路原理图上相当于元件符号。实体语句的语法格式为:

entity 实体名 **is**

  port(端口名称 1:端口方式 1 端口类型 1;

    端口名称 2:端口方式 2 端口类型 2;……);

end 实体名;

这部分的语句格式固定,书写起来比较简单。例如,2 输入的与门和 2 输入的或门在程序中除了实体名不一样外,其他实体描述部分完全一样。

例 2 2 输入或门的实体说明程序。

entity or_gate **is**   //实体名为 or_gate 的 2 输入或门

  port(a:in std_logic;

    b:in std_logic;

    c:out std_logic); //a,b 为输入端,c 为输出端

end or_gate;   //实体说明结束

(3)VHDL 程序的第三部分是结构体。结构体是设计实体的具体描述,包括实体硬件的结构、硬件的类型和功能、元件的连接关系、信号的传输和变换及动态行为。结构体语句的语法格式为:

architecture 结构体名 **of** 实体名 **is**

begin

  结构体并行语句部分;

end 结构体名;

结构体定义了实体的功能,因此应跟在实体之后。每个实体可以有多个结构体,每个结构体代表该硬件结构的某一方面特性,例如,行为特性或结构特性。结构体语法中的实体名必须与前面实体说明里给出的名称相同,而结构体名一般采用 behave(行为描述),dataflow(数据流描述),rtl(寄存器传输描述)和 structure(结构描述)。

在例 1 中,描述 2 输入与门输入信号相与的语句使用了逻辑运算符 and,也可以直接用语句描述其逻辑关系。

例 3 2 输入与门的结构体说明程序(利用逻辑关系描述)。

architecture behave **of** and_gate **is** //实体 and_gate 的行为描述

begin

  if(a$='0'$ or b$='0'$)**then**

    c$<='0'$;   //输入 a 和 b 有一个为"0"时,输出 c 就为"0"

```
    else
        c<='1';                              //输入全为"1"时,输出为"1"
    end if;
end behave;
```

例 4 2 输入或门完整的 VHDL 程序。

```
library ieee;
use ieee. std_logic_1164. all;

entity or_gate is
port(a:in std_logic;
        b:in std_logic;
        c:out std_logic);
end or_gate;

architecture behave of or_gate is
begin
    if(a='1' or b='1')then
        c<='1';
    else
        c<='0';
    end if;
end behave;
```

由例 4 可以看出,VHDL 的一般结构框架比较固定,需要设计者编写的主要部分是结构体。

G. 3　VHDL 的语言要素

G. 3. 1　VHDL 的数据对象

VHDL 中承载数据的载体叫做 VHDL 的数据对象,主要有三类:常量(constant)、变量(variable)和信号(signal)。

(1)常量是一种固定量,对它赋值后在整个程序运行过程中保持该值不变。常量的功能可以在电路中代表电源、地线等。常量定义的格式为:

constant 常量名:数据类型:=表达式;

例 5　常量赋值。

constant width:integer:=8; //常量名 width,数据类型是 integer(整数),赋初始值为 8

constant Vcc:real:=5.0;　　//常量名 Vcc,数据类型是 real(实数),赋初始值为 5.0

(2)变量可对暂时数据进行局部存储,只能在进程和子程序中定义和使用。变量一旦赋值立即生效。变量定义的格式为:

variable 变量名:数据类型:=初始值或表达式;

例 6　变量赋值。

variable y：std_logic：＝′0′；

variable a,b：bit_vector(0 to 7)；　//变量名 a,b，数据类型是 bit_vector(0 to 7)(位矢量)

（3）信号是电子电路内部硬件连接的抽象，程序中的信号将结构体中分离的并行语句连接起来，对应硬件中的元件连接。信号值可以随着时间改变，不像变量赋值那样立即生效，允许产生延时。信号通常在实体、结构体和程序包中说明，但不能在进程中说明，只能在进程中使用。信号是一个全局量。

对信号赋值可以使用"＜＝"，允许产生延时(一般用 δ 表示延时时间)，这和实际元件的传输延时特征吻合。信号定义的格式为：

signal 信号名：数据类型：＝初始值；

例7　信号赋值。

signal A：std_logic：＝′1′；　　//信号名 A，数据类型是 std_logic(标准逻辑位)，赋初
　　　　　　　　　　　　　　　始值为 1

signal c：integer ranger 0 to 15；//信号名 c，数据类型是 integer(整数)，整数范围 $0\sim15$

signal y,x：integer；　　　　　//定义信号 y、x 数据类型是实数

y＜＝x；　　　　　　　　　　//经过 δ 延时后将 x 值赋给 y

G.3.2　VHDL 的数据类型

VHDL 中的每一个数据对象都必须具有确定的数据类型定义，相同数据类型的数据对象之间可以进行数据交换。VHDL 的数据类型分为标量型和复合型。标量型只有单一的值，复合型是由标量组成的数组或记录，因此下面只介绍几种标量数据类型。

1. 整数数据类型(integer)

与 C 语言中的整型 int 类似，整数类型的数有正整数、负整数和零，其取值范围是：$-(2^{31}-1)\sim+(2^{31}-1)$。

2. 实数数据类型(real)

VHDL 的实数与数学中的实数或 C 语言中的浮点数相似，范围被限定为：$-10^{38}\sim+10^{38}$。

3. 位数据类型(bit)

信号经常用位数据类型表示，位数据类型属于枚举类型，其值用带单引号的′1′和′0′表示。

4. 位矢量数据类型(bit _vector)

位矢量是用双引号括起来的一组位数据，通常用来表示数据总线，例如"010101"。

5. 布尔量数据类型(boolean)

布尔量数据类型也属于枚举类型，通常用来表示关系运算和关系运算结果，其值只有"true"和"false"两种。

6. 字符数据类型(character)

VHDL 的字符数据类型表示 ASCII 码的 128 个字符，书写时用单引号括起来，区分大小写，例如：'A'、'a'等。

7. 字符串数据类型(string)

字符串是双引号括起来的一串字符。例如："START"。

8. ieee 标量数据类型（std_logic 和 std_logic_vector）

（1）std_logic 数据类型也属于枚举类型，但它的取值有下面的九种：

①'U'（初始值）；②'X'（不定）；③'0'；④'1'；⑤'Z'（高阻）；⑥'W'（弱信号不定）；⑦'L'（弱信号 0）；⑧'H'（弱信号 1）；⑨'—'（不可能情况）。

（2）std_logic_vector 数据是用双引号括起来的一组 std_logic 数据，通常用来表示数据总线。

数据类型转换函数由 3 种 VHDL 程序包提供：std_logic_1164、std_logic _arith 和 std_logic _unsigned。表 5 列举了几种转换函数。

表 5　数据类型转换

函数名	功能
STD_LOGIC_1164 包	
TO_STD_LOGIC_VECTOR(A)	由 BIT_VECTOR 转换成 STD_LOGIC_VECTOR
TO_BIT_VECTOR(A)	由 STD_LOGIC_VECTOR 转换成 BIT_VECTOR
TO_STD_LOGIC(A)	由 BIT 转换成 STD_LOGIC
TO_BIT(A)	由 STD_LOGIC 转换成 BIT
STD_LOGIC_ARITH 包 CONV_STD_LOGIC_VECTOR(A,位长)	由 INTEGER,UNSIGNED 和 SIGNED 转换成 STD_LOGIC_VECTOR
CONV_INTEGER(A)	由 UNSIGNED 和 SIGNED 转换成 INTEGER
STD_LOGIC_UNSIGNED 包	
CONV_INTEGER(A)	STD_LOGIC_VECTOR 转换成 INTEGER(A)

G.3.3　VHDL 的运算

VHDL 的操作符有四种类型：逻辑运算符、算术运算符、关系运算符和并置运算符，如表 6 所示。被运算符所操作的对象的数据类型必须与运算符所要求的数据类型保持一致，否则编译会出错。

表 6　VHDL 的操作符

逻辑运算符		算述运算符		关系运算符	
and	逻辑与	+	加	=	等于
or	逻辑或	—	减	/=	不等于
nand	逻辑与非	*	乘	<	小于
nor	逻辑或非	/	除	<=	小于等于
xor	逻辑异或	**	乘方	>	大于
xnor	逻辑同或	mod	求模	=>	大于等于
not	逻辑非	rem	求余		
		abs	绝对值		

1. 逻辑运算符

逻辑运算符适用的变量为 std_logic、bit、std_logic_vector 类型,这 3 种类型的数据进行逻辑运算时,逻辑运算符的左右两边和代入信号的数据类型必须相同。在 7 种逻辑运算符中,not 的优先级最高,其他 6 个逻辑运算符优先级相同。在一个 VHDL 语句中存在两个或两个以上逻辑表达式时,左右没有优先级差别。一个逻辑式中,应先进行括号里的运算,后进行括号外的运算。

例 8 逻辑运算。

q<=a and b or (not c and d); // 将 $ab+\bar{c}d$ 赋值给 q

2. 算术运算符

+、- 两个运算的操作数必须类型相同;mod、rem、abs 的操作数必须是同一整数类型的数据。

3. 关系运算符

关系运算符用于相同数据类型数据对象间的比较,关系表达式的结果是布尔类型。

4. 并置运算符

VHDL 的并置运算符是"&",主要用来将普通操作数或数组组合起来,形成新的操作数。例如"HE"&"LLO"的结果为"HELLO";'0'&'1'&"010110" 的结果为"01010110"。并置运算符"&"用于位连接。

G.4　VHDL 的顺序描述语句

VHDL 提供了一系列顺序语句,它们只能出现在进程、过程和函数中,用以定义在进程、过程和函数中所执行的算法。所谓"顺序"是指完全按照程序语句中语句出现的顺序来执行各条语句,而且在语言结构层次中,前面语句的执行结果可能直接影响后面语句的结果。在 VHDL 中,主要的顺序语句有:信号赋值语句和变量赋值语句,**if** 语句,**case** 语句,**loop** 语句,**next** 语句,**exit** 语句和 **null** 语句等,以下将通过实例分别予以介绍。

G.4.1　信号赋值语句和变量赋值语句

VHDL 提供了两种类型的赋值语句:信号赋值语句和变量赋值语句。

例 9　信号赋值和变量赋值。

variable a,b:bit;	// 定义变量 a,b 为位数据类型
signal c:bit_vector(1 to 4);	// 定义信号 c 为位矢量数据类型
a:='1';	
b:='0';	// 给变量 a,b 赋值(立即赋值)
c<="1100";	// 信号 c,经过 δ(纳秒级)延时后被赋值,在此之前保持原值。

信号赋值语句的书写格式为:

目标信号<=表达式

变量赋值语句的书写格式为:

目标变量:=表达式

在 VHDL 语言中,信号的说明只能在 VHDL 语言程序的并行部分进行说明(如在结构体的说明部分),但可以在 VHDL 语言程序的并行部分和顺序部分同时使用。而变量的说明只能在 VHDL 程序的顺序部分进行说明和使用,即只能出现在进程、过程和函数中。这说明信号是全局量,变量是局部量。

G. 4. 2　if 语句

VHDL 语言中的 if 语句和 C 语言中的 if 语句类似,需要注意的是在 VHDL 程序中 if 语句结束时,要有结束语句 end if。下面以 D 触发器为例说明 if 语句。

例 10　D 触发器。

```
library ieee;
use ieee. std_logic_1164. all;                    //库说明

entity dff is                                      //实体说明,实体名 dff
port(d,cp,r,s:in std_logic;q,qb:out std_logic);    //d,cp,r,s 为输入端,q,qb 为输出端
end dff;                                           //结束实体说明

architecture rtl of dff is                         //结构体说明,结构体名 rtl
signal q_temp,qb_temp:std_logic;                   //定义信号 q_temp,qb_temp 为 std_
                                                   //  logic 数据类型
begin                                              //开始描述结构体
    process(cp)                                    //当 CP 脉冲到来时,开始执行以下
                                                   //  操作

        begin                                      //先说明内部的 RS 触发器
        if(r='0'and s='1')then
            q_temp<='0';
            qb_temp<='1';                          //R=0,S=1 时,Q^{n+1}=0,\overline{Q^{n+1}}=1
        elsif (r='1'and s='0')then
                q_temp<='1';
                qb_temp<='0';                      //R=1,S=0 时,Q^{n+1}=1,\overline{Q^{n+1}}=0
        elsif (r='0'and s='0')then
                q_temp<=q_temp;
                qb_temp<=qb_temp;                  //R=0,S=0 时,Q^{n+1}=Q^n,
                                                   //  \overline{Q^{n+1}}=\overline{Q^n}

        elsif (cp'event and cp='1')then
                q_temp<=d;
                qb_temp<= not d;                   //R=S=1 且 CP 上升沿来临时,
                                                   //  Q^{n+1}=D

        end if;
        end process;                               //D 触发器功能描述结束
        q <=q_temp;
```

```
    qb <= qb_temp;                          // 将最终的信号值赋给信号 q,qb
  end rtl;                                   // 结束结构体说明
```

if 语句的语法格式为：

```
if(条件)then
  顺序语句；
elsif(条件)then
    顺序语句；
      ⋮
else
    顺序语句；
end if；
```

G.4.3 case 语句

VHDL 中的 **case** 语句与 C 语言中的 **swith** 语句在编程思想上是一致的,但在书写上有些不同,要在 **case** 语句下加 **when** 语句。

例 11 4 输入与非门电路。

```
library ieee;
use ieee. std_logic_1164. all;              // 库说明

entity nand4 is                             // 实体说明
port(a,b,c,d:in std_logic;
     y:out std_logic);
end nand4;

architecture behave of nand4 is             // 开始结构体说明
begin
  process(a,b,c,d)                          // 当输入 a,b,c,d 有变化时,程序开
                                            //   始执行
    variable tmp:std_logic_vector(3 down to 0);  // 定义一个 std_logic_vector 数据类
                                            //   型的变量 tmp
  begin
    tmp:=a&b&c&d;                           // 将 a,b,c,d 这 4 个输入量并置后赋
                                            //   给变量 tmp
    case tmp is                             // 用 case 语句说明不同的输入状态
                                            //   下,得到不同的输出

        when "0000"=>y<='1';
        when "0001"=>y<='1';
        when "0010"=>y<='1';
        when "0011"=>y<='1';
```

```
    when "0100"=>y<='1';
    when "0101"=>y<='1';
    when "0110"=>y<='1';
    when "0111"=>y<='1';
    when "1000"=>y<='1';
    when "1001"=>y<='1';
    when "1010"=>y<='1';
    when "1011"=>y<='1';
    when "1100"=>y<='1';
    when "1101"=>y<='1';
    when "1110"=>y<='1';
    when "1111"=>y<='0';
    when others=>y<='X';        //除以上 16 种状态以外的其他状态
                                  均为无效状态
  end case;                     //结束 case 语句
  end process;
end behave;                     //结束结构体说明
```

由本例可看出 **case** 语句是根据条件表达式的值执行由符号"=>"所指的一组顺序语句，其语法格式如下：

case 条件表达式 **is**
when 条件表达式的值=>一组顺序语句；
　　⋮　　　　⋮　　　　⋮
when 条件表达式的值=>一组顺序语句；
end case；

if 语句是有序的，先处理最起始、最优先的条件，后处理次优先的条件。**case** 语句是无序的，所有条件表达式的值并行处理。**case** 语句中条件表达式的值必须一一列举，且不能重复，不能穷尽的条件表达式的值用 others 表示。

G. 4. 4　loop 语句

VHDL 语言中，**loop** 语句也是一种十分重要的具有条件控制功能的语句。**loop** 语句使程序进行有规则的循环，循环次数由迭代算法或其他语句控制。它和 C 语言中的 **for**、**while** 语句类似，分为 **for loop** 循环语句和 **while loop** 循环语句。

例 12　8 位奇偶校验电路（**for loop** 循环语句）。当输入信号 d 为奇数时，输出信号 q 为 1；输入信号 d 为偶数时，输出信号 q 为 0。

```
library ieee;
use ieee. std_logic_1164. all;          //库说明

entity jojy is                          //实体说明
port(d:in std_logic_vector(7 down to 0);  //输入信号 d 为 8 为位矢量数据类型；
    q:out std_logic);
```

```
end jojy;


architecture rtl of jojy is          //开始结构体说明
begin
    process(d)                       //当输入 d 发生变化时,程序开始执行
        variable tmp:std_logic;      //定义一个 std_logic 数据类型的变量 tmp
    begin
        tmp:='0';                    //给 tmp 赋初值
        for j in 0 to 7 loop         //j 从 0 到 7 循环
            tmp:=tmp xor d(j);       //将 tmp 与 d(j)异或的值赋于 tmp,然后 j 加 1,
                                     //再执行一次 tmp 与 d(j)异或,直到 j 大于 7
        end loop;                    //结束 loop 循环
        q<=tmp;                      //将异或了 7 次的 tmp 值赋于 q,最后输出
    end process;
end rtl;                             //结束结构体说明
```

例 12 是一个 **for loop** 循环语句的范例,总结其语法格式如下:

循环标号:**for** 循环变量 **in** 范围 **loop**

顺序处理语句;

end loop 循环标号;

其中,循环标号是 **for loop** 循环语句的标示符(本例中省略),循环变量是整数变量,无需另加说明。**for loop** 循环语句执行时,该循环变量从指定范围内每取一个值进行一次循环,取完范围内全部指定值,结束循环。

例 13　8 位奇偶校验电路(**while loop** 循环语句)。

```
library ieee;
use ieee.std_logic_1164.all;         //库说明


entity jojy is                       //实体说明
port(d:in std_logic_vector(7downto 0);  //输入信号 d 为 8 位 std_logic_vector 型数据
    q:out std_logic);
end jojy;


architecture rtl of jojy is          //开始结构体说明
begin
    process(d)                       //当输入 d 发生变化时,程序开始执行
        variable tmp:std_logic;      //定义一个 std_logic 类型的变量 tmp
        variable i:integer;          //定义一个整数类型的变量 i
    begin
        tmp:='0';                    //给 tmp,i 赋初值
        i:=0;
```

```
        loop 1:while i<8 loop
            tmp:=tmp xor d(i);


            i=i+1;
        end loop loop1;
        q<=tmp;
    end process;
end rtl;
```
// i 从 0 到 7 循环

// 将 tmp 与 $d(i)$ 异或的值赋于 tmp，然后 i 加 1，再执行一次 tmp 与 $d(i)$ 异或，直到 i 等于 8，退出循环

// 结束 loop 循环

// 将异或了 7 次的 tmp 值赋于 q，最后输出

// 结束结构体说明

while loop 循环语句的语法格式如下：

循环标号:**while** 条件表达式 **loop**

　　　　顺序处理语句；

　　　　　　end loop 循环标号；

例 13 中，loop1 即为循环标号。**while** 后面的条件表达式是布尔表达式。**while loop** 循环语句在每次执行前要先检查条件表达式的值，当其值为 true 时，执行循环体中的顺序处理语句，执行完毕后返回到该循环开始，再次检查条件表达式的值，如果此时值为 false，就结束循环转而执行 **while loop** 循环后面的其他语句。

G.4.5　next 语句

在 **loop** 语句中，**next** 语句在循环体内用来描述跳出本次循环，但还继续在本轮循环中，只是转入下一次循环并重新开始。与 C 语言中的 **continue** 异曲同工。

例 14　含有 **next** 语句的应用程序。

编写一段程序描述这样一个逻辑功能：对输入 a、b 的 8 位位矢量进行有选择的逻辑与操作。当 $mask$ 的某一位的值为"1"时，输入 a、b 的 8 位位矢量的相应位不进行逻辑与。

```
library ieee;
use ieee. std_logic_1164. all;              // 库说明


entity logic_and is                          // 实体说明
port(a:in std_logic_vector(7 down to 0);
    b:in std_logic_vector(7 down to 0);
    mask:in std_logic_vector(7 down to 0);
    q:out std_logic_vector(7 down to 0));    // 输入信号 a,b,mask 和输出信号 q 均为
                                             //   8 位 std_logic_vector 数据类型

end logic_and;


architecture rtl of logic_and is             // 开始结构体说明
begin
    process(a,b,mask)                        // 当输入 a,b,mask 发生变化时，程序开
                                             //   始执行

    begin
        for i in 7 down to 0 loop
```

```
        if mask(i)='1'then
            next;                        // 当 mask 某一位为"1"时,跳出本次循环
        else
            q(i)<=a(i)and b(i);          // 若不为"1",则 a、b 的对应位进行逻辑与
        end if;
    end loop;
  end process;
end rtl;
```

next 跳出循环语句的语法格式为：

next 循环标号 **when** 条件表达式；

其中，循环标号用来表明结束本次循环后下一次循环的起始位置；条件表达式的值为布尔量，是跳出本次循环的条件，其值为真时跳出本次循环。循环标号和条件表达式是可选项。当 **next** 后面无循环标号和条件表达式时，只要执行到该语句就立即无条件跳出本次循环，从 **loop** 语句的起始位置进入下一次循环。

G.4.6　exit 语句

在 **loop** 语句中，**exit** 语句在循环体内用来描述退出循环并结束循环这一功能。它与 C 语言中的 **break** 功能相同。

例 15　含有 **exit** 语句的应用程序。

```
process
    variable a:integer:=0;
    variable b:integer:=1;
begin
  L1:loop                          // 循环标号为 L1 的循环体
        a:=a+1;                      // a≤10 时,循环体执行
        b=20;
      L2:loop                      // 循环标号为 L2 的循环体
            if b<(a * a) then
              exit L2;               // 如果 b<a² ,则退出 L2 循环体
            end if;
            b:=b-a;                  // 如果 b≥a² ,则将 b-a 的差赋于 b
        end loop L2;
        exit L1 when a>10;           // 当 a>10 时,退出 L1 循环体
    end loop L1;
end process;
```

exit 语句的语法格式为：

exit 循环标号 **when** 条件表达式；

其中，循环标号和条件表达式也是可选项，如果缺少这两项，表示无条件退出循环语句。

G.4.7　null 语句

在 VHDL 语言中，**null** 语句用来表示一种只占位置的空操作，不发生任何动作，执行该语

句只是为了使程序运行到下一个语句。

　　null 语句常用在 case 语句中,利用保留字 null 来表示剩余的条件选择值下的操作行为,从而满足 case 语句对条件选择值全部列举的要求。

　　例 16　四选一电路。

```
library ieee;
use ieee. std_logic_1164. all;              //库说明

entity mux4 is                              //实体说明
port(d0:in std_logic_vector(3 downto 0);
     d1:in std_logic_vector(3 downto 0);
     d2:in std_logic_vector(3 downto 0);
     d3:in std_logic_vector(3 downto 0);
     sel:in std_logic_vector(1 downto 0);
     q:out std_logic_vector(3 downto 0));   //输入信号 d0,d1,d2,d3,sel 和输出信号
                                              q 均为 8 位 std_logic_vector 数据类型
end mux4;
architecture rtl of mux4 is                 //结构体说明
begin
    process(d0,d1,d2,d3,sel)                //输入信号 d0,d1,d2,d3,sel 发生变化,
                                              则开始执行进程

    begin
      case sel is
          when"00"=>q<=d0;
          when"01"=>q<=d1;
          when"10"=>q<=d2;
          when"11"=>q<=d3;
          when others=>null;                //列举四选一的条件,若 sel 为以上四值
                                              以外的其他值,就执行 null 语句(执行
                                              一个空操作),然后执行下一条语句

      end case;
    end process;
end rtl;
```

G. 5　VHDL 的进程描述语句

　　VHDL 程序的结构体是由一个或多个并行语句构成的,互相之间异步执行。并行语句的执行顺序与顺序语句不同,并不按照书写顺序执行,而是由它们的触发时间来决定的。在 VHDL 中,主要的并行语句有:进程(**process**)语句,并行信号赋值语句,条件信号赋值语句,选择信号赋值语句,元件例化语句和生成语句等,以下将通过实例分别给予介绍。

G. 5. 1　process 语句

process 语句是 VHDL 中最常用的语句。一个结构体可以有多个进程语句,多个进程语句间是并行的,可访问结构体或实体中定义的信号。进程语句结构内部所有语句都是顺序执行的。

例 17　2 输入或非门电路。

library ieee;
use ieee. std_logic_1164. all;　　　　　　　　　　//库说明

entity nor2 **is**　　　　　　　　　　　　　　　　//实体说明
port(a,b:in std_logic;
　　　y:out std_logic);
end nor2;

architecture behave **of** nor2 **is**　　　　　　　//开始结构体说明
begin
　　p1:**process**(a,b)　　　　　　　　　　　　//当输入 a,b 发生变化时,开始执
　　　　　　　　　　　　　　　　　　　　　　行进程语句

　　　　variable tmp:std_logic_vector(1 downto 0);　//定义一个 std_logic_vector 类型
　　　　　　　　　　　　　　　　　　　　　　的变量 tmp

　　begin
　　　　tmp:=a&b;　　　　　　　　　　　　//将 a,b,c,d 这 4 个输入量并置后
　　　　　　　　　　　　　　　　　　　　　　赋给变量 tmp

　　　　case tmp **is**　　　　　　　　　　　//用 **case** 语句说明不同的输入状
　　　　　　　　　　　　　　　　　　　　　　态下,得到不同的输出

　　　　　　when ″00″=>y<='1';
　　　　　　when ″01″=>y<='0';
　　　　　　when ″10″=>y<='0';
　　　　　　when ″11″=>y<='0';
　　　　　　when others=>y<='X';　　　　//除以上 4 种状态以外的其他状态
　　　　　　　　　　　　　　　　　　　　　　均为无效状态

　　　　end case;　　　　　　　　　　　　//结束 **case** 语句
　　end process p1;　　　　　　　　　　　//结束进程语句
end behave;　　　　　　　　　　　　　　//结束结构体

process 语句的语法格式为:
进程名:**process**(敏感信号表)
　　　　进程语句说明;
begin
　　　　顺序语句说明;

end process 进程名；

敏感信号表所列出的信号是用来启动进程的，其中的任何一个信号发生变化都将启动进程。进程启动以后，**begin** 和 **end process** 之间的语句将从上到下顺序执行一次。当最后一个语句执行完后，就返回进程语句的开始，等待下一次敏感信号表中的信号变化。

在 VHDL 程序中，同一个结构体中的多个进程之间可以同步。通常是结构体中的几个进程共用同一个时钟信号来进行激励，以启动进程。

例 18 进程语句中的同步。

```
library ieee;
use ieee.std_logic_1164.all;
use ieee.std_logic_unsigned.all;              //库说明

entity time1 is
port(clk:in std_logic;
     irp:out std_logic);
end time1;                                    //实体说明

architecture rtl of time1 is                  //开始结构体说明
    signal counter:std_logic_vector(3 downto 0);
begin
    p1:process(clk)                           //clk 发生变化 p1 和 p2 同时开
                                              //  始执行进程
        begin
            if(clk'event and clk='1')then     //时钟脉冲上升沿有效时，counter
                counter<=counter+1;           //  加 1，再赋于 counter
            end if;
        end process p1;
    p2:process(clk)                           //clk 发生变化 p1 和 p2 同时开
                                              //  始执行进程
        begin
            if(clk'event and clk='1')then     //时钟脉冲上升沿有效
            if counter="1111"then             //counter 计满 16 个周期，将 irp
                irp<='0';                     //  置 0
            else
                irp<='1';
            end if;
            end if;
        end process p2;
end rtl;
```

G.5.2 并发信号赋值语句

信号赋值语句在 VHDL 程序中的使用方法有两种：一种是信号赋值语句在结构体的进程内使用，此时它作为一种顺序语句出现，称为顺序信号赋值语句；另一种是信号赋值语句在结构体的进程之外使用,此时他是一种并行语句,称为并行信号赋值语句。

并行信号赋值语句有 3 中形式:并发信号赋值语句、条件信号赋值语句和选择信号赋值语句。下面通过两个例子来首先说明并发信号赋值语句。

例 19　并发信号赋值语句示例。

```
library ieee;
use ieee. std_logic_1164. all;                //库说明

entity gate is
port(a,b:in std_logic;
     x,y,z:out std_logic);
end gate;                                      //实体说明

architecture behave of gate is                //开始结构体说明
begin
    x<=a and b;                               //a,b 逻辑与的值赋于 x
    y<=a or b;                                //a,b 逻辑或的值赋于 y
    z<=a xor b;                               //a,b 异或的值赋于 z
end behave;                                    //结束结构体说明
```

本例中的 3 条并发信号语句可以任意颠倒顺序,不会对执行结果造成任何影响。一般说来,一条并行信号语句与一个含有信号赋值语句的进程是等价的,因此可以将一条并行信号赋值语句改写成等价的进程语句。这样,例 19 可以写成另外一种形式的程序。

例 20　并发信号赋值语句改写成等价的进程语句示例。

```
library ieee;
use ieee. std_logic_1164. all;                //库说明

entity gate is
port(a,b:in std_logic;
     x,y,z:out std_logic);
end gate;                                      //实体说明

architecture behave of gate is                //开始结构体说明
begin
    p 1:process(a,b)                          //当 a,b 发生变化时,进程 p1,p2,p3 同时
      begin                                        执行
        x<=a and b;                           //a,b 逻辑与的值赋于 x
      end process p1;
    p 2:process(a,b)
      begin
        y<=a or b;                            //a,b 逻辑或的值赋于 y
```

```
    end process p2;
  p3：process(a,b)
    begin
        z<＝a xor b;                        //a,b 异或的值赋于 z
    end process p3;
end behave;                                //结束结构体说明
```

从例 19 和例 20 可以看出,一条并发信号赋值语句等价于一个进程语句,多个并发信号赋值语句等价于多个进程语句。多个并发信号赋值语句是并行执行的,而多个进程语句也是并行执行的。

G.5.3　条件信号赋值语句

条件信号赋值语句也是一种并行信号赋值语句,可以根据不同的条件将不同的表达式的值赋给目标信号。

例 21　四选一数据选择电路程序示例。

```
library ieee;
use ieee.std_logic_1164.all;               //库说明

entity mux4 is
port(d0,d1,d2,d3:in std_logic;
     s0,s1:in std_logic;
     q:out std_logic);
end mux4;                                   //实体说明

architecture rtl of mux4 is                //开始结构体说明
begin
    q<＝d0 when s1='0' and s0='0' else
        d1 when s1='0' and s0='1' else
        d2 when s1='1' and s0='0' else
        d3 when s1='1' and s0='1' else
        'Z';
end rtl;
```

由以上可看出条件信号赋值语句的语法格式为:

```
目标信号<＝表达式 1 when 条件 1 else
         表达式 2 when 条件 2 else
         表达式 3 when 条件 3 else
                  ⋮
         表达式 n−1 when 条件 n−1 else
         表达式 n;
```

当 VHDL 程序执行到该语句时,首先要进行条件判断,才可以进行信号赋值操作。如果满足该条件,就将该条件前面那个表达式的值赋给目标信号;如果不满足该条件,就判断下一个；若所有的条件都不满足，就将最后一个表达式的值赋于目标信号。

G.5.4　选择信号赋值语句

选择信号赋值语句也是一种并行信号赋值语句，可以根据选择条件的不同将不同的表达式的值赋给目标信号。下面仍以四选一数据选择电路为例，介绍选择信号赋值语句的应用。

例22　四选一数据选择电路程序示例。

```
library ieee;
use ieee. std_logic_1164. all;                    //库说明

entity mux4 is
port(d0,d1,d2,d3:in std_logic;
     s0,s1:in std_logic;
     q:out std_logic);
end mux4;                                          //实体说明

architecture rtl of mux4 is                        //开始结构体说明
    signal comb:std_logic_vector(1 downto 0);
begin
    comb<=s1&s0;
    with comb select
        q<=d0 when "00",
           d1 when "01",
           d2 when "10",
           d3 when "11",
           'Z' when others;
end rtl;
```

由上例可看出选择信号赋值语句的语法格式为：

with 选择条件表达式 **select**
　　目标信号<= 信号表达式 1 **when** 选择条件 1，
　　　　　　信号表达式 2 **when** 选择条件 2，
　　　　　　信号表达式 3 **when** 选择条件 3，
　　　　　　　　　　⋮
　　　　　　信号表达式 n **when** 选择条件 n；

执行该语句时，首先对选择条件表达式进行判断，当选择条件表达式的值符合某一选择条件时，就将该选择条件前面的信号表达式赋给目标信号。

G.5.5　元件例化语句

在用 VHDL 实现一个大的数字系统设计时，设计员常常采用层次化设计方法，即在设计过程中，通过调用库中的原件或者已经设计好的模块来完成设计实体功能的描述。这种描述由元件说明语句和元件例化语句联合使用最能体现结构体描述中层次化设计的思想。

例 23　设计一个串行输入并行输出的移位寄存器。

1. 设计 *D* 触发器

library ieee;

use ieee. std_logic_1164. all;　　　　　　// 库说明

entity dff **is**　　　　　　　　　　　　　// 实体说明,实体名 dff

port(d,cp,r,s:in std_logic;q,qb:out std_logic);// *d*,*cp*,*r*,*s* 为输入端,*q*,*qb* 为输出端

end dff;　　　　　　　　　　　　　　　// 结束实体说明

architecture rtl **of** dff **is**　　　　　　// 结构体说明,结构体名 rtl

siganl q_temp,qb_temp:std_logic;　　　　 // 定义信号 q_temp,qb_temp 为 std_
　　　　　　　　　　　　　　　　　　　 logic 数据类型

begin　　　　　　　　　　　　　　　　// 开始描述结构体

　　process(cp)　　　　　　　　　　　// 当 *CP* 脉冲到来时,开始执行

　　begin　　　　　　　　　　　　　　// 先说明内部的 *RS* 触发器

　　　　if(r=$'0'$and s=$'1'$)**then**

　　　　　q_temp$<=$$'0'$;

　　　　　qb_temp$<=$$'1'$;　　　　　// $R=0,S=1$ 时,$Q^{n+1}=0$,$\overline{Q^{n+1}}=1$

　　　　elsif (r=$'1'$and s=$'0'$)**then**

　　　　　　q_temp$<=$$'1'$;

　　　　　　qb_temp$<=$$'0'$;　　　　// $R=1,S=0$ 时,$Q^{n+1}=1$,$\overline{Q^{n+1}}=0$

　　　　elsif (r=$'0'$and s=$'0'$)**then**

　　　　　　q_temp$<=$q_temp;

　　　　　　qb_temp$<=$qb_temp;　　　// $R=0,S=0$ 时,$Q^{n+1}=Q^n$,$\overline{Q^{n+1}}=\overline{Q^n}$

　　　　elsif (cp$'$event and cp=$'1'$)**then**

　　　　　　q_temp$<=$d;　　　　　　// $R=S=1$ 且 *CP* 上升沿来临时,

　　　　　　qb_temp$<=$not d;　　　　　 $Q^{n+1}=D$

　　　　end if;

　　end process;　　　　　　　　　　// *D* 触发器功能描述结束

　　q $<=$q_temp;

　　qb $<=$qb_temp;　　　　　　　　　// 将最终的信号值赋给信号 *q*,*qb*

end rtl;　　　　　　　　　　　　　　// 结束结构体说明

2. 设计移位寄存器

library ieee;

use ieee. std_logic_1164. all;　　　　// 库说明

entity ywjcq **is**

port(a,clk:in std_logic;

```
          b：out std_logic)；
    end ywjcq；                          //实体说明


    architecture behave of ywjcq is      //开始结构体说明
    component dff                        //引用 D 触发器 dff
    port(d,clk：in std_logic；           //说明 dff 的输入输出端口情况
           q：out std_logic)；
    end component；                      //引用元件说明结束


    begin                                //开始描述引用元件之间的连线关系
       q(0)＜＝a；                       //dff1 的 q 端为输入端
       dff1：dff port map(q(0),clk,q(1))； //将结构体说明中对 D 触发器各端口的介绍与
                                          这里的端口对应起来,可以看出 dff1 的输入 d
                                          端即为整个寄存器的输入端,输出端 q 接到 q
                                          (1)端,时钟脉冲端不变
       dff2：dff port map(q(1),clk,q(2))； //dff2 的 d 端也接到 q(1)端,即 dff2 的 d 端与
                                          dff1 的输出端 q 连接在一起,同理 dff2 的输出
                                          端 q 与 dff3 的输入端 d 相连
       dff3：dff port map(q(2),clk,q(3))； //dff3 的输出端 q 与 dff4 的输入端 d 相连
       dff4：dff port map(q(3),clk,q(4))； //dff4 的输出端 q 与 q(4)端相连
       b＜＝ q(4)；                       //q(4)端的值赋给 b,即 q(4)端为寄存器的输
                                          出端
    end behave；                         //结束结构体说明
```

现在分析例 23 中的元件说明语句和元件例化语句。

①元件说明语句的语法格式为：

  component 引用的元件名

    generic 参数说明；

    port 端口说明；

“引用的元件名”是将一个设计现成的实体定义为一个元件,是已经设计好的。元件说明语句在 **architecture** 和 **begin** 之间。

②采用 **component** 语句对要引用的元件进行说明以后,要把被引用的元件端口信号与结构体中相应端口信号正确地连接起来,这就是元件例化语句要实现的功能。元件例化语句的语法格式为：

  标号名：元件名

    generic map(参数映射)

    port map(端口映射)；

G.5.6　生成语句

有些电子电路某部分是由同类元件组成的阵列,这些同类元件叫规则结构。例如,随机存

储器 RAM、只读存储器 ROM、移位寄存器等。这些规则结构在 VHDL 中，一般用生成语句来描述。

生成语句有两种形式：**for_generate** 语句和 **if_generate** 语句。其中，**for_generate** 语句主要进行规则结构的描述；**if_generate** 语句主要用来描述规则结构在其端部表现出的不规则性。

1. for_generate 语句

例 24　设计一个串行输入并行输出的移位寄存器。

```
library ieee;
use ieee. std_logic_1164. all;              //库说明


entity ywjc is
port(a,clk:in std_logic;
     b: out std_logic);
end ywjc;                                   //实体说明


architecture behave of ywjc is             //开始结构体说明
component dff                              //引用 D 触发器 dff
port(d,clk:in std_logic;                   //说明 dff 的输入输出端口情况
     q: out std_logic);
end component;                             //结束引用元件说明
signal q: std_logic_vector(0 to 4);
begin
    q(0)<=a;
    g1:for i in 0 to 3 generate            //四个 dff 均以前级的输出为输入端,本级
          dffx:dff port map (q(i),clk,q(i+1))  的输出为下一级的输入端,依次连接
    end generate g1;
    b<=q(4);
  end behave;
```

在例中利用 **for_generate** 语句代替了例 23 中的四条元件例化语句,程序变得更简洁。**for_generate** 语句的语法格式为：

```
标号:for 循环变量 in 范围 generate
        并行处理语句;
end generate 标号;
```

2. if_generate 语句

if_generate 语句的语法格式为：

```
标号:if 条件 generate
        并行处理语句;
end generate 标号;
```

G.6　时钟信号的 VHDL 描述方法

时序电路只有在时钟信号的边沿到来时其状态才发生改变,因此,在 VHDL 语言中,时钟信号通常是描述时序电路程序的执行条件。

1. 时钟信号上升沿的描述

时钟信号上升沿及其属性关系如图 27 所示。时钟上升沿到来的条件可写为

$$clk='1' \ and \ clk'last\_value='0' and \ clk'event$$

简写成:

$$clk'event \ and \ clk='1'$$

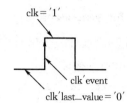

图 27　时钟上升沿及其属性关系

2. 时钟信号下降沿的描述

时钟信号下降沿及其属性关系如图 28 所示。时钟下降沿到来的条件可写为

$$clk='0' \ and \ clk'last\_value='1' and \ clk'event$$

简写成:

$$clk'event \ and \ clk='0'$$

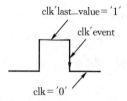

图 28　时钟下降沿及其属性关系

例 25　主从 JK 触发器程序示例。

```
library ieee;
use ieee. std_logic_1164. all;                    //库说明

entity jkff is
port(j,k,cp,r,s:in std_logic;q,qb:out std_logic);
end jkff;                                          //实体说明

architecture rtl of jkff is                        //开始结构体说明
signal q_temp,qb_temp:std_logic;
begin
  process(j,k,cp)
    begin
      if(r='0'and s='1')then                       //R=0,S=1 时,Q^{n+1}=0,\overline{Q^{n+1}}=1
          q_temp<='0';
          qb_temp<='1';
      elsif(r='1'and s='0')then                    //R=1,S=0 时,Q^{n+1}=1,\overline{Q^{n+1}}=0
          q_temp<='1';
          qb_temp<='0';
      elsif(r='0'and s='0')then                    //R=0,S=0 时,Q^{n+1}=Q^n,\overline{Q^{n+1}}=\overline{Q^n}
          q_temp<=q_temp;
          qb_temp<=qb_temp;
```

```
    elsif(cp′event and cp=′0′)then              //R=S=1 且 CP 下降沿来临时
        if(j=′0′and k=′0′)then                  //J=K=0 时,Q^{n+1}=Q^n,\overline{Q^{n+1}}=\overline{Q^n}
            q_temp<=q_temp;
            qb_temp<=qb_temp;
        elsif(j=′0′and k=′1′)then               //J=0,K=1 时,Q^{n+1}=0,\overline{Q^{n+1}}=1
            q_temp<=′0′;
            qb_temp<=′1′;
        elsif(j=′1′and k=′0′)then               //J=1,K=0 时,Q^{n+1}=1,\overline{Q^{n+1}}=0
            q_temp<=′1′;
            qb_temp<=′0′;
        elsif(j=′1′and k=′1′)then               //J=K=1 时,Q^{n+1}=\overline{Q^n}
            q_temp<=not q_temp;
            qb_temp<=not qb_temp;
        end if;
    end if
    q<=q_temp;
    qb<=qb_temp;
end process;
end rtl;
```

G. 7　时序电路中复位信号的 VHDL 描述方法

时序电路中的复位信号分为同步复位信号和异步复位信号。同步复位信号是当复位信号有效且在给定的时钟边沿到来时,触发器复位;而异步复位无需等待时钟边沿,一旦复位信号有效,触发器就被复位。

1. 同步复位

在 VHDL 语言中,同步复位一定在以时钟为敏感信号的进程中定义,且用 **if** 语句来描述必要的复位条件。

例 26　具有同步复位信号的 D 触发器的程序示例。

```
library ieee;
use ieee. std_logic_1164. all;              //库说明

entity dff1 is
port(clk,clr,d:in std_logic;
     q:out std_logic);
end dff1;                                    //实体说明
architecture rtl of dff1 is
    begin
```

```
    process(clk)              // 当 clk 时钟脉冲发生变化时,执行该进程语句
    begin
        if(clk'event and clk='1')then  // 在进程语句中加入 if 语句,当同步复位信号有
            if(clr='1')then            //    效时,如果时钟上升沿到来,触发器复位
                q<='0';
            else
                q<=d;          // 当时钟上升沿到来时,如果同步复位信号无
                               //    效,则 $Q^{n+1}=D$
            end if;
        end if;
    end process;
end rtl;
```

2. 异步复位

例 27　具有异步复位信号的 D 触发器程序示例。

```
library ieee;
use ieee. std_logic_1164. all;        // 库说明


entity dff2 is
port(clk,clr,d:in std_logic;
     q:out std_logic);
end dff2;                              // 实体说明


architecture rtl of dff1 is
    begin
    process(clk,clr)              // 当 clk,clr 任意一个信号发生变化,执
    begin                         //    行该进程语句
        if(clr='1')then           // 一旦复位信号有效,不管时钟脉冲是
                                  //    否到来,触发器立即复位
                q<='0';
        elsif(clk'event and clk='1')then
                q<=d;             // 如果异步复位信号有无效,当时钟上
                                  //    升沿到来时,$Q^{n+1}=D$

        end if;
    end process;
end rtl;
```

异步复位在描述时与同步复位方式不同。首先,在进程的敏感信号中除了时钟信号外,还应加上复位信号;其次,用 **if** 描述复位条件;最后,在 **elsif** 段描述时钟信号边沿的条件。

G.8　数字电路系统设计举例

本文使用的 VHDL 的编译设计环境为 Quartus II，它是 Altera 公司推出的新一代 FP-GA/CPLD 集成开发开发环境。Quartus II 支持原理图、VHDL、VerilogHDL 以及 AHDL（Altera Hardware Description Language）等多种设计输入形式，内嵌自有的综合器及仿真器，可以完成从设计输入到硬件配置的完整设计流程。下面通过一个例子来说明使用 Quartus II 编译文件的过程。

例 28　设计一个同步 4 位二进制加法电路。

（1）双击图标，启动 Quartus II，打开如图 29 所示的工作窗口。

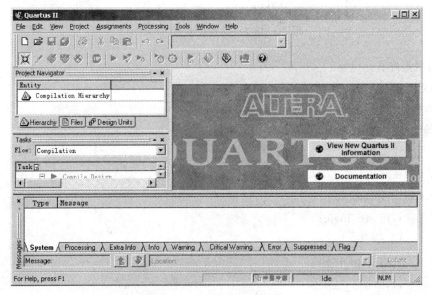

图 29　Quartus II 工作窗口

（2）建立一个新的工程。选择 File|New Project Wizard。

（3）在向导第一页中输入工程保存的路径、工程名及顶层实体名称，如本例为 plus4，点击 finish 完成设置，如图 30 所示。

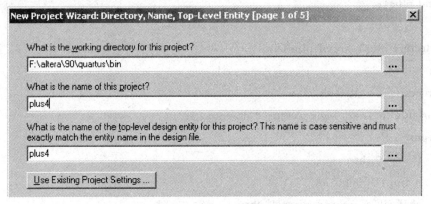

图 30　为新工程命名并选择存放地址

（4）建立一个新的 VHDL 文件：选择 File|New，出现如图 31 所示的窗口，选择 VHDL file。

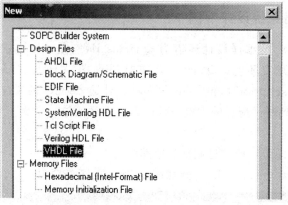

图 31　建立一个新的 VHDL 文件

(5)编写程序。

library ieee；

use ieee. std_logic_1164. all；

use ieee. std_logic_unsigned. all；

entity plus4 **is**

　　port(clk：in std_logic；

　　　　　r：in std_logic；

　　　　　ld：in std_logic；

　　　　　ep：in std_logic；

　　　　　et：in std_logic；

　　　　　d：in std_logic_vector(3 downto 0)；

　　　　　c：out std_logic；

　　　　　q：out std_logic_vector(3 downto 0))；

　　end plus4；

architecture plus4_arc **of** plus4 **is**

begin

　　process(clk，r，ld，ep)

　　variable tmp：std_logic_vector(3 downto 0)；

　　begin

　　　　if r= ′0′ **then**

　　　　　tmp：=″0000″；

　　　　elsif clk′event and clk= ′1′ **then**

　　　　　　　if ld= ′0′ **then**

　　　　　　　　tmp：=d；

```
        elsif ep = '1'and et = '1' then
            if tmp = "1111" then
                tmp: = "0000";
                c< = '1';
            else
                tmp: = tmp+1;
                c< = '0';
            end if;
        end if;
    end if;
    q< = tmp;
  end process;
end plus4_arc;
```

（6）程序编写完成后，选择选择 Assignments | Device，在弹出的对话框中选择所用的 CPLD 或 FPGA 芯片。本例中在 Device family 中选择 MAX7000S，器件选择 EPM7128LC84 -15，如图 32 所示。因为所使用的管脚有限，要避免未使用的管脚对其他元器件造成影响，保证本系统可靠工作，需要将未使用的管脚设置成三态输入。具体方法为：在 Device and pin options 中打开 Unused Pins 属性页，将 Reserve all unused pins 设为 As input tri-stated。

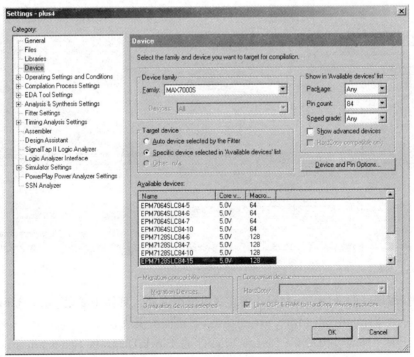

图 32　芯片选择

（7）如图 33 所示，选择 Processing|Start Compilation 对当前的 VHDL 文件进行编译。

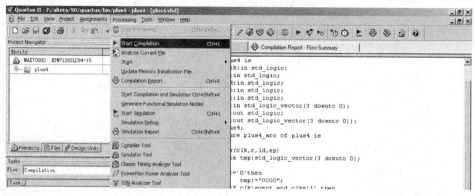

图 33　编译 VHDL 文件

（8）编译完成，出现对话框，如图 34 所示。框中显示：Full compilation was successful，说明全面汇编通过。若出现编译失败则应根据提示信息进行修改，直到编译通过。

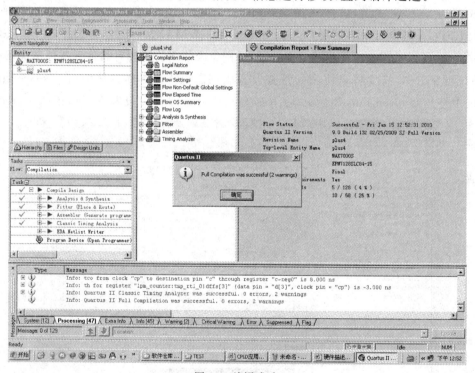

图 34　编译成功

（9）选择编译好的文件 plus4.vhd 将其变成框图文件。具体步骤是：首先选 File→Creat/Update→Create Symbol Files for Current File，创建框图模块。

然后选 File→New，在 Device Design Files 下选 Block Diagram/Schematic File，新建一个框图文件，打开后在空白处双击，选择刚刚建立的符号名 plus4 即可看到已生成的框图模块，如图 35。生成的框图文件经过管脚分配之后就可以下载到 CPLD 中了。

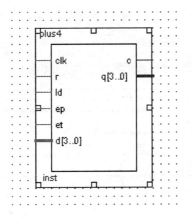

图 35　plus4. vhd 生成的框图模块

(10)将生成模块的输入输出管脚与实际器件的管脚相对应,即分配管脚。点击菜单 Assignments|Pins,弹出管脚分配页面,点击每个输入输出管脚对应行的 Location 位置,会弹出下拉菜单,选择器件上对应的引脚,如图 36 所示。

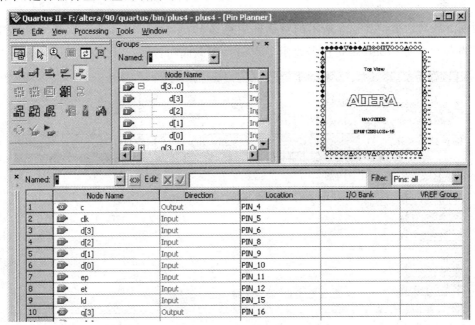

图 36　管脚分配工具

(11)管脚分配完毕就可以把程序下载到 CPLD 中进行调试。用下载电缆连接 PC 机和目标板,然后点击工具栏上的下载按钮 ✋。在弹出的对话框中,先在 Hardware Setup 中选择下载电缆,如果使用的是并口下载电缆,则单击 Add Hardware 按钮,添加“ByteBlasterMV or ByteBlaster II”,单击 OK 键,如图 37 所示。在 Currently selected Hardware 下拉菜单中选中所用并口或 USB 下载电缆。

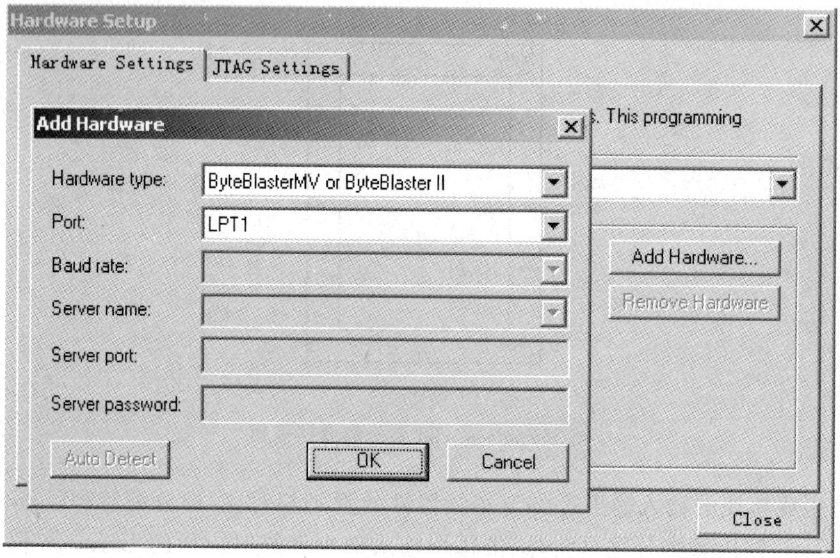

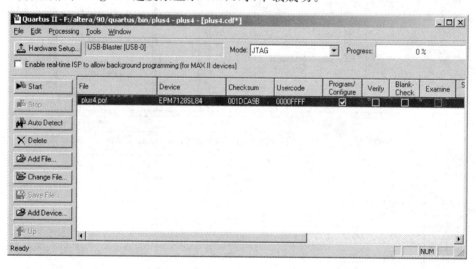

图 37　添加下载线

　　返回下载对话框,在图 38 所示的对话框中点选 Program|Configure,单击 Start 键,下载程序。当右上角的 Progress 进度条显示 100％时,下载成功。

图 38　下载对话框

附录 H　元器件的分类与命名方法

1.我国半导体分立器件的命名法

国产半导体分立器件型号命名方法见表7。

表 7　国产半导体分立器件型号命名法

第一部分		第二部分		第三部分				第四部分	第五部分
用数字表示器件电极的数目		用字母表示器件的材料和极性		用字母表示器件的类型				用数字表示器件序号	用字母表示规格的区别代号
符号	意义	符号	意义	符号	意义	符号	意义		
2	二极管	A	N 型,锗材料	P	普通管	D	低频大功率管 $(f_a < 3\mathrm{MHz},$ $P_C \geqslant 1\mathrm{W})$		
		B	P 型,锗材料	V	微波管				
		C	N 型,硅材料	W	稳压管	A	高频大功率管 $(f_a \geqslant 3\mathrm{MHz},$ $P_C \geqslant 1\mathrm{W})$		
		D	P 型,硅材料	C	参量管				
				Z	整流管				
3	三极管	A	PNP 型,锗材料	L	整流堆	T	半导体闸流管(可控硅整流器)		
		B	NPN 型,锗材料	S	隧道管				
		C	PNP 型,硅材料	N	阻尼管	Y	体效应器件		
		D	NPN 型,硅材料	U	光电器件	B	雪崩管		
		E	化合物材料	K	开关管	J	阶跃恢复管		
				X	低频小功率管 $(f_a < 3\mathrm{MHz},$ $P_C < 1\mathrm{W})$	CS	场效应器件		
						BT	半导体特殊器件		
				G	高频小功率管 $(f_a \geqslant 3\mathrm{MHz}$ $P_C < 1\mathrm{W})$	FH	复合管		
						PIN	PIN 型管		
						JG	激光器件		

例如,3DG201B 表示硅材料 NPN 型高频小功率三极管。

2.国际电子联合会半导体器件命名法

国际电子联合会半导体分立器件型号命名方法见表8。型号中的符号均不反映器件的极性(指 NPN 或 PNP),极性的确定需查阅手册或测量。

表8　国际电子联合会半导体器件型号命名法

第一部分		第二部分				第三部分		第四部分	
用字母表示使用的材料		用字母表示类型及主要特性				用数字或字母加数字表示登记号		用字母划分同一型号不同参数之器件	
符号	意义	符号	意义	符号	意义	符号	意义	符号	意义
A	锗材料	A	检波、开关和混频二极管	M	封闭磁路中的霍尔元件	三位数字	通用半导体器件的登记序号（同一类型器件使用同一登记号）	A B C D E …	同一型号器件按某一参数进行分挡的标志
		B	变容二极管	P	光敏元件				
B	硅材料	C	低频小功率三极管	Q	发光器件				
		D	低频大功率三极管	R	小功率可控硅				
C	砷化镓	E	隧道二极管	S	小功率开关管				
		F	高频小功率三极管	T	大功率可控硅	一个字母加两位数字	专用半导体器件的登记序号（同一类型器件使用同一登记号）		
D	锑化铟	G	复合器件及其他器件	U	大功率开关管				
		H	磁敏二极管	X	倍增二极管				
		K	开放磁路中的霍尔元件	Y	整流二极管				
R	复合材料	L	高频大功率三极管	Z	稳压二极管即齐纳二极管				

例如，AF239S 表示锗材料高频小功率三极管。

3.数字集成电路的分类

所谓集成电路,就是在一块体积很小的基片材料上,采用特殊的制作工艺,把许许多多的晶体二极管、晶体三极管、电阻、电容等有源无源元件(不包括电感),按照一定的设计要求,集成制作并连接在一起,形成芯片,再把芯片进行封装后形成的一种具有某种电路功能的多引脚、单块式电子器件。

按集成元件的多少,可将集成电路分为小规模集成电路(SSI)、中规模集成电路(MSI)、大规模集成电路(LSI)和超大规模集成电路(VLSI)。

　　按照它所包含的半导体器件的不同,数字集成电路可分为双极型和单极型两种。双极型集成电路常见类型有:TTL,晶体管-晶体管逻辑电路;ECL,射极耦合集成电路;HTL,高阈值集成电路;IIL,集成注入逻辑电路。单极型集成电路多采用"金属-氧化物-半导体"的绝缘栅场效应管,简称 MOS 场效应管,常见的有 NMOS、PMOS、CMOS 集成电路。

　　集成电路各系列的分类见表 9。该表所列系列中,有的已经基本淘汰,如 HTTL 和 LTTL,最常用最流行的是 LSTTL 和 CMOS 两个子系列,它们的产品种类和产量远远超过其他各种。ALSTTL、ASTTL、FTTL 的性能更好一些。

表 9　数字集成电路各型号分类

系列	子系列	名称	国际标准型号
T T L 系 列	TTL	标准 TTL 系列	CT54/74
	HTTL	高速 TTL 系列	CT54H/74H
	LTTL	低功耗 TTL 系列	CT54L/74L
	STTL	肖特基 TTL 系列	CT54S/74S
	LSTTL	低功耗肖特基 TTL 系列	CT54LS/74LS
	ALSTTL	先进低功耗肖特基 TTL 系列	CT54ALS/74ALS
	ASTTL	先进肖特基 TTL 系列	CT54AS/74AS
	FTTL	快速 TTL 系列	CT54F/74F
M O S 系 列	PMOS	P 沟道场效应管	
	AMOS	N 沟道场效应管	
	CMOS	互补场效应管	
	HCMOS	高速 CMOS 系列	
	HCTMOS	与 TTL 电平兼容的 HCMOS	
	ACMOS	先进 CMOS 系列	
	ACTMOS	与 TTL 电平兼容的 ACMOS	

4. 数字集成电路的外形、符号与识别

　　数字集成电路,只要型号的序列号相同,它们的功能就相当,双列直插类型封装的外引线排列也一致,只是在功耗和指标上不同,这些都是通过符号和命名来区分的。

　　(1)集成电路的外形和符号

　　集成电路的英文缩写为"IC",它的外观形态是一种片状单排或双排多引脚结构的电子器件,其大小按其集成成度的不同而不同。

　　集成电路的封装形式主要有两种:一种是双列直插式,通常,双列直插式器件与管座大小一致,常用于先将管座与焊盘焊接到 PCB 板上,然后插入,也可以直接焊接到 PCB 板上;另一种是贴片式,它只能直接焊接到 PCB 板上,前者调试电路方便,后者由于体积小,更适合于系统集成和信号完整性的设计。

　　(2)型号识别

　　我国集成电路名称中字符标志的含义见表 10。

表 10　集成电路上字符标志意义

第 1 部分		第 2 部分		第 3 部分	第 4 部分		第 5 部分	
用字母表示器件符合国家标准		用字母表示器件的类型		用数字表示器件的系列和品种代号	用字母表示器件的工作温度/℃		用字母表示器件的封装及形式	
符号	意义	符号	意义		符号	意义	符号	意义
C	中国制造	T	TTL		C	0～70	W	陶瓷扁平
		H	HTL		E	−40～85	B	塑料扁平
		E	ECL		R	−55～85	F	全密封扁平
		C	CMOS		M	−55～125	D	陶瓷直插
		F	线性放大				P	塑料直插
		D	音视电路				J	黑陶瓷直插
		W	稳压器				K	金属菱形
		J	接口电路				T	金属圆形
		B	非线性电路					
		M	存储器					
		μ	微型机					

参考文献

模电部分

[1] 刘志军.模拟电路基础实验教程[M].北京:清华大学出版社,2005.5.

[2] 沈小丰,余琼蓉.电子线路实验——模拟电路实验[M].北京:清华大学出版社,2008.1.

[3] 何金茂.电子技术基础实验[M].2版.北京:高等教育出版社,1991.4

[4] 杨建国,宁改娣.电子技术基础开放实验——实验指导书,轻印讲义,2003

[5] 程勇.实例讲解 Multisim 10 电路仿真[M].北京:人民邮电出版社,2010.4.

[6] 黄智伟.基于 NI Multisim 的电子电路计算机仿真设计与分析[M].北京:电子工业出版社,2011.6.

[7] 华成英.模拟电子技术基础[M].4版.北京:清华大学出版社,2010.11.

[8] 申忠如.模拟电子技术基础[M].西安:西安交通大学出版社,2012.1.

数电部分

[1] 李毅,谢松云,曾渊,等.数字电子技术实验[M].西安:西北工业大学出版社,2009.8.

[2] 张秀娟,薛庆军.数字电子技术基础实验教程[M].北京:北京航空航天大学出版社,2007.10.

[3] 刘泾.数字电子技术实验指导[M].成都:西南交通大学出版社,2011.8.

[4] 王贺珍,吴蓬勃.数字电子技术实验指导与仿真[M].北京:北京邮电大学出版社,2012.9.

[5] 袁小平.数字电子技术实验教程[M].北京:机械工业出版社,2012.9.

[6] 郑燕,赫建国.基于 VHDL 与 QuartusⅡ软件的可编程逻辑器件应用与开发[M].2版.北京:国防工业出版社,2011.4.

[7] 陈忠平,高金定,高见芳.基于 Quartus II 的 FPGA/CPLD 设计与实践[M].北京:电子工业出版社,2010.4.

[8] 张鹏南,等.基于 Quartus 2 的 VHDL 数字系统设计入门与应用实例[M].北京:电子工业出版社,2012.5.

[9] 王振红.VHDL 数字电路设计与应用实践教程[M].北京:机械工业出版社,2006.1

[10] 申忠如.数字电子技术基础[M].西安:西安交通大学出版社,2010.8.